U0228726

高职高专自动化类"十二五"规划教材

编审委员会

"十二五"职业教育国家规划教材
经全国职业教育教材审定委员会审定

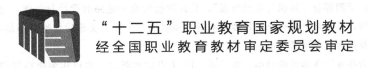

模拟电子技术

第二版

隆 平 胡 静 主 编

汤光华 主审

化学工业出版社

·北京·

全书由四个部分组成。前三部分分别以"直流稳压电源、音频放大器、信号发生器电路的组装、调试与故障排除"三个项目为载体阐述了模拟电子技术的基础知识与模拟电子电路制作、测试等基本技能；第四部分"知识与技能拓展"，是针对模拟电子电路的设计与制作，对前面内容进行了系统归纳，并适当予以补充和拓展。前三个项目的每个任务实施后均附有小结和自测题；书末还有附录及部分习题参考答案。

　　本书可作为高等职业学校机械类、电子类、IT 类专业的教材，也可作为岗位培训和业余电子爱好者的参考用书。

图书在版编目（CIP）数据

　　模拟电子技术/隆平，胡静主编 . —2 版 . —北京：化学工业出版社，2015.4（2023.2 重印）
　　"十二五"职业教育国家规划教材
　　ISBN 978-7-122-22906-9

　　Ⅰ.①模…　Ⅱ.①隆…②胡…　Ⅲ.①模拟电路-电子技术-高等职业教育-教材　Ⅳ.①TN710

　　中国版本图书馆 CIP 数据核字（2015）第 020046 号

责任编辑：张建茹　潘新文
责任校对：宋　玮　　　　　　　　　装帧设计：张　辉

出版发行：化学工业出版社（北京市东城区青年湖南街 13 号　邮政编码 100011）
印　　装：北京七彩京通数码快印有限公司
787mm×1092mm　1/16　印张 11¾　字数 301 千字　2023 年 2 月北京第 2 版第 5 次印刷

购书咨询：010-64518888　　　　　　售后服务：010-64518899
网　　址：http://www.cip.com.cn
凡购买本书，如有缺损质量问题，本社销售中心负责调换。

定　价：29.00 元

前　言

高职高专教材建设是高职院校教学改革的重要组成部分，2009 年全国化工高职仪电类专业委员会组织会员学校对近百家自动化类企业进行了为期一年的广泛调研。2010 年 5 月在杭州召开了全国化工高职自动化类规划教材研讨会。参会的高职院校一线教师和企业技术专家紧密围绕生产过程自动化技术、机电一体化技术、应用电子技术及电气自动化技术等自动化类专业人才培养方案展开研讨，并计划通过三年时间完成自动化类专业特色教材的编写工作。主编采用竞聘方式，由教育专家和行业专家组成的教材评审委员会于 2011 年 1 月在广西南宁确定出教材的主编及参编，众多企业技术人员参加了教材的编审工作。

本套教材以《国家中长期教育改革和发展规划纲要》及 2006 年教育部《关于全面提高高等职业教育教学质量的若干意见》为编写依据。确定以"培养技能，重在应用"为编写原则，以实际项目为引领，突出教材的应用性、针对性和专业性，力求内容新颖，紧跟国内外工业自动化技术的最新发展，紧密跟踪国内外高职院校相关专业的教学改革。

本书遴选了三个典型又便于实施的项目，完全按照项目式教学模式设计，把大项目分解为若干个任务来完成，而每个任务的教学内容安排又完全采取行动体系框架下形成的"资讯—决策—计划—实施—检查—评价"串行结构，教材的整体框架形成"项目引领，任务驱动"的格局。此书既方便教师实施基于行动导向的教学方法，同时，"知识与技能拓展"部分内容更加充实了教材内容体系，也方便学生用于课后学习、训练及业余电子爱好者参考使用。

本书是理实一体化教材，三个项目的制作任务完成，可以刚好组成从信号源、稳压电源到音频放大输出的配套设备。项目 1 包含半导体基本知识的认知和二极管器件的熟悉与检测，整流、滤波、稳压电路的分析与计算，常用电子仪器的熟悉与使用，手工焊接操作与工艺的熟练，简单模拟电子电路图识图、分析，电子电路的组装制作工艺与测试、故障排除方法与步骤等内容；项目 2 包含了晶体三极管和场效应管的认知，基本放大电路的认识、分析与计算，音频放大器电路的分析及制作工艺、制作电路测试与故障排除方法等内容；项目 3 包含反馈电路与正弦振荡电路、集成运算放大电路的认知，信号发生器电路的分析、组装与调试工艺等内容。"知识与技能拓展"部分概括性地简述模拟电子电路图的识读、设计与制作的基本要求与方法，补充介绍了电子设备设计与制作的几个实例，丰富了教材内容。

通过近两年课程教学改革实践，对原出版的《模拟电子技术》进行再版修订。修订后，书中三个项目中关于实操部分编写内容更具体，自测题部分更符合当前学生的学习基础，教学内容可实施性更强。同时，教材配备了网络立体化课程教学资源。

本书由隆平、胡静主编，秦洪和何志杰参编。其中，胡静编写项目 1【任务 1.1】及项目 2、附录 1，秦洪编写项目 1 中【任务 1.2】至【任务 1.5】、附录 2，何志杰编写"知识与技能拓展"部分，隆平编写项目 3、附录 3、4 及负责全书的统稿。

本书由汤光华教授主审，他不但对书稿进行了认真的审阅，在教材编写过程中也予以了重要指导，提出了很多宝贵意见和提供了有价值的资料，在此深表感谢。

在本书的编写过程中，对所列参考文献作了一些借鉴，在本书出版之际，对参考文献的作者表示衷心感谢。

鉴于编者水平有限，且时间仓促，书中缺点和不足在所难免，敬请读者批评指正。

全国化工高职仪电专业委员会

2015 年 2 月

目　　录

项目1 直流稳压电源电路的组装、调试与故障排除

在各种电子设备和装置中，如自动控制系统、测量仪器和计算机等，都需要稳定的直流电压。

通过整流滤波电路所获得的直流电压往往是不稳定的，当电网电压波动或负载电流变化时，其输出电压也会随之改变。电子设备电源电压的不稳定，将会引起直流放大器的零点漂移；交流放大器的噪声增大；测量仪器的准确度下降等。因此，必须将整流滤波后的直流电压由稳压电路稳定后再提供给负载，使电子设备能正常工作。

【学习目标】

学生在教师的指导下完成项目一的学习任务以后，会识别和检测二极管，熟悉直流稳压电源的基本组成和工作原理，会制作简单的直流稳压电源，并能进行参数测试和故障排除。具体要求如下。

知识目标：熟悉二极管器件的符号、参数及主要应用范围；了解直流稳压电源的基本组成部分；熟悉整流和滤波电路的种类与工作原理；了解并联稳压电路、串联稳压电路和稳压集成电路的性能参数、功能与应用。

技能目标：会识读二极管参数、符号，并能检测二极管的极性；能对并联稳压电路、串联稳压电路和直流电源的整体电路进行分析；能根据原理图进行正确焊接，对装接的电路进行测试；能测试直流电源的特性参数，判断直流电源的质量，并能根据要求进行简单电源设计；会综合使用电子测量仪器，对直流稳压电源进行故障检修。同时训练对新资料的阅读能力、电子电路装接焊接技能、读图能力、故障检查能力和电子测量仪器综合使用能力。

态度目标：培养自主学习的习惯，具备根据需要查阅、搜索、获取新信息、新知识的能力；培养严谨细致的工作作风，具备对电子电路现象仔细观察、善于分析的习惯；培养团队合作精神，具备与人沟通和协调的能力；养成及时总结、汇报的习惯，具备一般文字组织和产品说明书的编写能力。

【任务1.1】二极管器件的认知与检测

【任务描述】

给定学生 2AP9、2CZ12、1N4001 等不同型号二极管各一只，要求用万用表检测二极管正反向电阻的值，学会借助资料查阅二极管的型号及主要参数。

【任务分析】

要让学生完成此任务，首先要了解半导体的基本知识，PN 结的形成及 PN 结的特性，掌握二极管的类型、典型二极管的应用、万用表的使用及二极管极性的判别。

【知识准备】

1.1.1 半导体的基础知识

导电能力介于导体和绝缘体之间的物质称为半导体。在自然界中属于半导体的物质很多，用来制造半导体器件的材料主要是硅（Si）、锗（Ge）和砷化镓（GaAs）等，其中硅的应用最广泛。

1.1.1.1 半导体的特性

（1）热敏特性

当温度升高时，半导体的导电性会增强，温度越高，导电能力越强。利用这一特性可以制成热敏电阻。

（2）光敏性

光照加强时，半导体的阻值显著下降，导电能力增强。利用这一特性可以制成光敏传感器、光电控制开关及火灾报警装置等。

（3）掺杂性

在纯度很高的半导体中掺入微量的某种杂质元素，其导电性会显著增加。利用掺杂性可制成各种不同性能、不同用途的半导体器件，例如二极管、三极管、场效应管等。

如果在本征半导体（不含杂质的半导体）硅中掺入微量的三价元素硼（B），就形成 P 型半导体，P 型半导体的空穴（带正电荷的载流子）浓度比电子浓度高，因此又叫空穴型半导体。P 型半导体主要靠空穴导电，称空穴为多数载流子，而自由电子远少于空穴的数量，称自由电子为少数载流子。在本征半导体中掺入微量的五价元素磷（P）就形成 N 型半导体，N 型半导体的电子浓度比空穴浓度高，因此又叫电子型半导体。N 型半导体主要靠自由电子导电，称自由电子为多数载流子，而空穴数量远少于电子数量，称空穴为少数载流子。

注意：不论 N 型半导体还是 P 型半导体都是电中性，对外不显电性。

1.1.1.2 PN 结的形成与特性

（1）PN 结的形成

当 P 型半导体和 N 型半导体接触以后，由于交界两侧半导体类型不同，存在电子和空穴的浓度差。这样，P 区的空穴向 N 区扩散，N 区的电子向 P 区扩散，如图 1-1(a) 所示。由于扩散运动，在 P 区和 N 区的接触面就会产生正负离子层。N 区失掉电子产生正离子，P 区得到电子产生负离子。通常称这个正负离子层为 PN 结。如图 1-1(b) 所示。

在 PN 结的 P 区一侧带负电，N 区一侧带正电。PN 结便产生了内电场，内电场的方向从 N 区指向 P 区。内电场对扩散运动起到阻碍作用，电子和空穴的扩散运动随着内电场的加强而逐步减弱，直至停止。在界面处形成稳定的空间电荷区，如图 1-1(b) 所示。

（2）PN 结的特性

① PN 结的正向导通特性　给 PN 结加正向电压，即 P 区接正电源，N 区接负电源，此时称 PN 结为正向偏置，如图 1-2(a) 所示。

这时 PN 结外加电场与内电场方向相反，当外电场大于内电场时，外加电场抵消内电场，使空间电荷区变窄，有利于多数载流子运动，形成正向电流。外加电场越强，正向电流

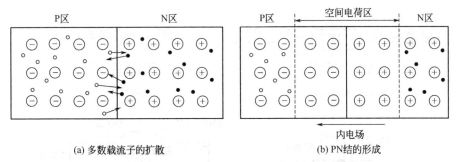

(a) 多数载流子的扩散　　　　　　　(b) PN结的形成

图 1-1　PN 结的形成

越大，这意味着 PN 结的正向电阻变小。

　　② PN 结的反向截止特性　给 PN 结加反向电压，即电源正极接 N 区，负极接 P 区，称 PN 结反向偏置，如图 1-2(b) 所示。这时外加电场与内电场方向相同，使内电场的作用增强，PN 结变厚，多数载流子运动难于进行，有助于少数载流子运动，形成电流 I_R，少数载流子很少，所以电流很小，接近于零，即 PN 结反向电阻很大。

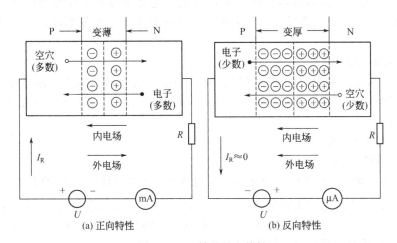

(a) 正向特性　　　　　　　　　　(b) 反向特性

图 1-2　PN 结的导电特性

　　综上所述，PN 结具有单向导电性，加正向电压时，PN 结电阻很小，电流 I_R 较大，是多数载流子的扩散运动形成的；加反向电压时，PN 结电阻很大，电流 I_R 很小，是少数载流子运动形成的。

1.1.2　半导体二极管

1.1.2.1　二极管的结构和类型

　　将一个 PN 结加上相应的两根外引线，然后用塑料、玻璃或铁皮等材料做外壳封装就成为最简单的二极管。其中，正极从 P 区引出，为阳极或 P 极；负极从 N 区引出，为阴极或 N 极。如图 1-3(a) 所示。二极管的符号如图 1-3(b) 所示，其中三角箭头表示正向电流的方向，正向电流从二极管的阳极流入，阴极流出。

　　二极管有许多类型。按材料分，二极管可分为锗管和硅管；从工艺上分，有点接触型和面接触型；按用途分，有整流管、检波二极管、稳压二极管、光电二极管和开关二极管等。

　　（1）点接触型二极管

　　如图 1-3(c) 所示。这是用一根含杂质元素的金属丝压在半导体晶片上，经特殊工艺、

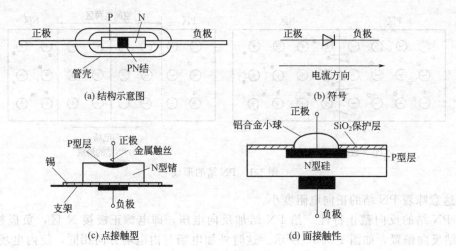

图 1-3 二极管的结构和符号

方法，使金属丝上的杂质掺入到晶体中，从而形成导电类型与原晶体相反的区域而构成的 PN 结。因而其结面积小，允许通过的电流小，但结电容小，工作频率高，适合用作高频检波器件。

（2）面接触型二极管

如图 1-3（d）所示。由于面接触型二极管的 PN 结接触面积较大，PN 结电容较大，一般适用于在较低的频率下工作；由于接触面积大，允许通过较大电流和具有较大功率容量，适用于作整流器件。

1.1.2.2 二极管的特性及参数

（1）二极管伏安特性

① 正向特性 理论分析指出，半导体二极管电流 I 与端电压 U 之间的关系可表示为 $I = I_S(e^{\frac{U}{U_T}} - 1)$，此式称为理想二极管电流方程。式中，$I_S$ 称为反向饱和电流，U_T 称为温度的电压当量，常温下 $U_T \approx 26\text{mV}$。实际的二极管伏安特性曲线如图 1-4 所示。图中，实线对应硅材料二极管，虚线对应锗材料二极管。

当二极管承受正向电压小于某一数值（称为死区电压）时，还不足以克服 PN 结内电场对多数载流子运动的阻挡作用，这一区段二极管正向电流很小，称为死区。死区电压的大小与二极管的材料有关，并受环境温度影响。通常，硅材料二极管的死区电压约为 0.5V，锗材料二极管的死区电压约为 0.1V。

当正向电压超过死区电压值时，外电场抵消了内电场，正向电流随外加电压的增加而明显增大，二极管正向电阻变得很小。当二极管完全导通后，正向压降基本维持不变，称为二极管正向导通压降。管子正向导通后其管压降很小（硅管为 0.6～0.8V，锗管为 0.2～0.3V）。

② 反向特性 当二极管承受反向电压时，外电场与内电场方向一致，只有少数载流子的漂移运动，形成的反向电流极小。由于少数载流子的数目很少，即使增加反向电压，反向电流仍基本保持不变，故

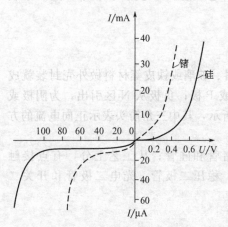

图 1-4 二极管伏安特性曲线

称此电流为反向饱和电流。所以，如果给二极管加反向电压，二极管将接近于截止状态，这时相当于断开的开关。

③ 反向击穿特性　当反向电压增大到某一数值时，反向电流将随反向电压的增加而急剧增大，这种现象称为二极管反向击穿。击穿时对应的电压称为反向击穿电压。普通二极管发生反向击穿后，造成二极管的永久性损坏，失去单向导电性。

（2）二极管的主要参数

二极管参数是反映二极管性能质量的指标。必须根据二极管的参数来合理选用二极管。

① 最大整流电流 I_{FM}　I_{FM} 是指二极管长期工作时允许通过的最大正向平均电流值，由 PN 结的面积和散热条件所决定，用 I_{FM} 表示。工作时，管子通过的电流不应超过这个数值，否则将导致管子过热而损坏。

② 最高反向工作电压 U_{RM}　U_{RM} 是指二极管不击穿所允许加的最高反向电压。

超过此值二极管就有被反向击穿的危险。U_{RM} 通常为反向击穿电压的 $1/2 \sim 2/3$，以确保二极管安全工作。

③ 最大反向电流 I_{RM}　I_{RM} 是指二极管在常温下承受最高反向工作电压 U_{RM} 时的反向漏电流，一般很小，但其受温度影响较大。当温度升高时，I_{RM} 显著增大。

④ 最高工作频率 f_M　f_M 是指保持二极管单向导通性能时，外加电压允许的最高频率。二极管工作频率与 PN 结的极间电容大小有关，容量越小，工作频率越高。

二极管的参数很多，除上述参数外，还有结电容、正向压降等，实际应用时，可查阅半导体器件手册。

1.1.2.3　半导体二极管的应用

二极管是电子电路中最常用的半导体器件。利用其单向导电性及导通时正向压降很小的特点，可用来进行整流、检波、箝位、限幅、开关以及元件保护等各项工作。

（1）整流

所谓整流，就是将交流电变为单方向脉动的直流电。利用二极管的单向导电性可组成单相、三相等各种形式的整流电路，然后再经过滤波、稳压，便可获得平稳的直流电。这些内容将在整流电路的认知部分（任务 1.2）详细介绍。

（2）箝位

利用二极管正向导通时压降很小的特性，可组成箝位电路，如图 1-5 所示。

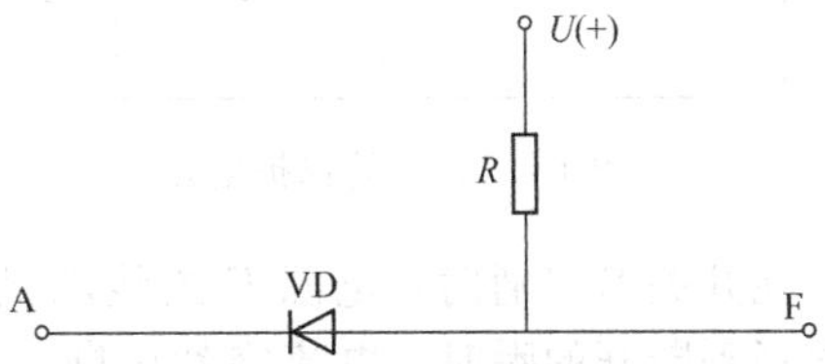

图中，若 A 点 $U_A = 0$，二极管 VD 可正向导

图 1-5　二极管箝位电路

通，其压降很小，故 F 点的电位也被箝制在 0V 左右，即 $U_F \approx 0$。

（3）限幅

利用二极管正向导通后其两端电压很小且基本不变的特性，可以构成各种限幅电路，使输出电压幅度限制在某一电压值以内。图 1-6(a) 为一正负对称限幅电路。

设输入电压 $u_i = 10\sin\omega t$ （V），$U_{s1} = U_{s2} = 5V$。

当 $-U_{s2} < u_i < U_{s1}$ 时，VD_1、VD_2 都处于反向偏置而截止，因此 $i = 0$，$u_o = u_i$。当 $u_i > U_{s1}$ 时，VD_1 处于正向偏置而导通，使输出电压保持在 U_{s1}。

当 $u_i < -U_{s1}$ 时，VD_2 处于正向偏置而导通，输出电压保持在 $-U_{s2}$。由于输出电压 u_o 被限制在 $+U_{s1}$ 与 $-U_{s2}$ 之间，即 $|u_o| \leqslant 5V$，好像将输入信号的高峰和低谷部分削掉一样，因此这种电路又称为削波电路。输入、输出波形如图 1-6(b) 所示。

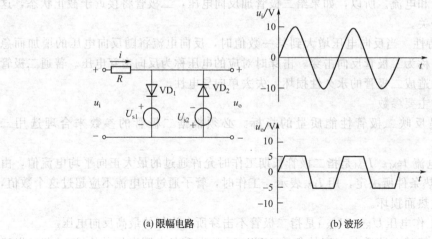

(a) 限幅电路　　　　　(b) 波形

图 1-6　二极管限幅电路及波形

（4）元件保护

在电子线路中，常用二极管来保护其他元器件免受过高电压的损害，如图 1-7 所示电路，L 和 R 是线圈的电感和电阻。

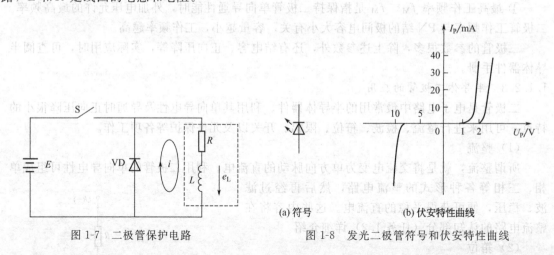

图 1-7　二极管保护电路　　　　　(a) 符号　　(b) 伏安特性曲线

图 1-8　发光二极管符号和伏安特性曲线

在开关 S 接通时，电源 E 给线圈供电，L 中有电流流过，储存了磁场能量。在开关 S 由接通到断开的瞬时，电流突然中断，L 中将产生一个高于电源电压很多倍的自感电动势 e_L，e_L 与 E 叠加作用在开关 S 的端子上，在 S 的端子上产生电火花放电，这将影响设备的正常工作，使开关 S 寿命缩短。接入二极管 VD 后，e_L 通过二极管 VD 产生放电电流 i，使 L 中储存的能量不经过开关 S 放掉，从而保护了开关 S。

除以上用途外，还有许多特殊结构的二极管，例如发光二极管、热敏二极管等。随着半导体技术的发展，二极管应用范围越来越多，其中发光二极管是应用较多的一种二极管。

1.1.2.4　特殊二极管

（1）发光二极管及其应用

① 发光二极管的符号及特性　发光二极管的符号如图 1-8(a) 所示。它是一种将电能直接转换成光能的半导体器件，由磷砷化镓（GaAsP）、磷化镓（GaP）等半导体材料制成，简称 LED（Light Emitting Diode）。发光二极管和普通二极管相似，也由一个 PN 结组成。

发光二极管在正向导通时，由于空穴和电子的复合而发出能量，发出一定波长的可见光。光的波长不同，颜色也不同。常见的 LED 有红、绿、黄等颜色。发光二极管的驱动电压低、工作电流小，具有很强的抗振动和抗冲击能力。由于发光二极管体积小、可靠性高、耗电省、寿命长，被广泛用于信号指示等电路中。

发光二极管的伏安特性如图 1-8(b) 所示。它和普通二极管的伏安特性相似，只是在开启电压和正向特性的上升速率上略有差异。当所施加正向电压未达到开启电压时，正向电流几乎为零，但电压一旦超过开启电压时，电流急剧上升。发光二极管的开启电压通常称作正向电压。例如 GaAsP 红色 LED 约为 1.7V，而 GaP 绿色的 LED 则约为 2.3V。几种常见的发光材料的主要参数如表 1-1 所示。LED 的反向击穿电压一般大于 5V，但为使器件长时间稳定而可靠的工作，安全使用电压选择在 5V 以下。

表 1-1　发光二极管的主要参数

颜色	波长/nm	基本材料	正向电压 （10mA 时）/V	光强(10mA 时,张角±45°) /mod	光功率/μW
红外	900	GaAs	1.3～1.5		100～500
红	655	GaAsP	1.6～1.8	0.4～1	1～2
鲜红	635	GaAsP	2.0～2.2	2～4	5～10
黄	583	GaAsP	2.0～1.2	1～3	3～8
绿	565	GaP	2.2～2.4	0.5～3	1.5～8

② 发光二极管的应用

指示灯：电源通断指示发光二极管作为电源通断指示电路，通常称为指示灯，在实际应用中给人提供很大的方便。发光二极管的供电电源既可以是直流的也可以是交流的，但必须注意的是，发光二极管是一种电流控制器件，应用中只要保证发光二极管的正向工作电流在所规定的范围之内，它就可以正常发光。具体的工作电流可查阅有关资料。

数码管：数码管是电子技术中应用的主要显示器件，其就是用发光二极管经过一定的排列组成的，如图 1-9(a) 所示。

这是最常用的七段数码显示。要使它显示 0～9 的一系列数字只要点亮其内部相应的显示段即可。七段数码显示有共阳极 [图 1-9(b)] 和共阴极 [图 1-9(c)] 之分。数码管的驱动方式有直流驱动和脉冲驱动两种，应用中可任意选择。数码管应用十分广泛，可以说，凡是需要指示或读数的场合，都可采用数码管显示。

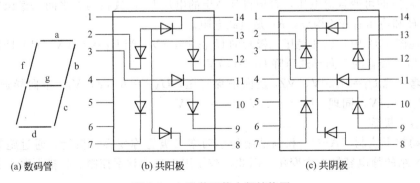

(a) 数码管　　(b) 共阳极　　(c) 共阴极

图 1-9　七段数码管内部结构图

（2）稳压二极管

硅稳压二极管简称稳压管，是一种能稳定电压的二极管，它与电阻配合具有稳定电压的特点。

① 稳压管的伏安特性　通过实验测得稳压管伏安特性曲线如图 1-10(a) 所示。

从特性曲线可以看到，稳压管正向偏压时，其特性和普通二极管一样；反向偏压时，开始一段和二极管一样，当反向电压达到一定数值以后，反向电流突然上升，而且电流在一定范围内增长时，管两端电压只有少许增加，变化很小，具有稳压性能。这种"反向击穿"是可恢复的，只要外电路限流电阻保障电流在限定范围内，就不致引起热击穿而损坏稳压管。

稳压管的符号如图 1-10(b)。

② 稳压管的主要参数

稳定电压 U_Z：稳压管在正常工作时管子的端电压，一般为 3～25V，高的可达 200V。

稳定电流 I_Z：指稳压管工作至稳压状态时流过的电流。当稳压管稳定电流小于最小稳定电流 I_{Zmin} 时，没有稳定作用；大于最大稳定电流 I_{Zmax} 时，管子因过流而损坏。

动态电阻 r_Z：稳压管端电压的变化量 ΔU_Z 与对应电流变化量 ΔI_Z 之比，即

$$r_Z = \frac{\Delta U_Z}{\Delta I_Z}$$

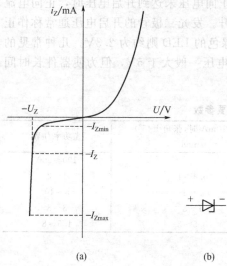

图 1-10　稳压二极管伏安特性及符号

稳压管额定功耗 P_{ZM}：保证稳压管安全工作所允许的最大功耗。其大小为 $P_{ZM} = I_{ZM} U_Z$。

③ 稳压二极管的应用　稳压二极管用来构成的稳压电路，如图 1-11 所示。

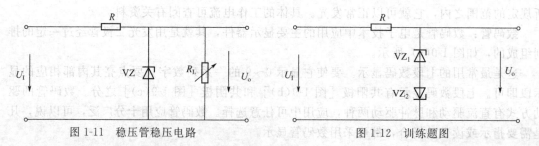

图 1-11　稳压管稳压电路　　　　　　　　　图 1-12　训练题图

U_I 是不稳定的可变直流电压，希望得到稳定的电压 U_o，故在两者之间加稳压电路。它由限流电阻 R 和稳压管 VZ 构成，R_L 是负载电阻。

训练　在图 1-12 中，已知稳压二极管的 $U_{VDZ}=6.3V$，当 $U_I=\pm20V$，$R=1k\Omega$ 时，求 U_o。已知稳压二极管的正向导通压降 $U_F=0.7V$。

解答参考　当 $U_I=+20V$，VZ_1 反向击穿稳压，$U_{VZ_1}=6.3V$，VZ_2 正向导通，$U_{F2}=0.7V$，则 $U_o=+7V$；同理，$U_I=-20V$，$U_o=-7V$。

（3）变容二极管

用于自动频率控制（AFC）和调谐用的小功率二极管称变容二极管。通过施加反向电压，使其 PN 结的静电容量发生变化。因此，被使用于自动频率控制、扫描振荡、调频和调谐等用途。

（4）肖特基二极管

肖特基二极管是具有肖特基特性的"金属半导体结"的二极管。其正向起始电压较低。其金属层除银、铝材料外，还可以采用金、钼、镍、钛、铂等材料。其半导体材料采用硅或

砷化镓，多为 N 型半导体。并且，MIS（金属－绝缘体－半导体）肖特基二极管可以用来制作太阳能电池或发光二极管。

除上述的二极管外，电子电路中用到的二极管还有开关二极管、光电二极管、隧道二极管、微波二极管、激光二极管等。

【任务实施】

学生分组查阅资料、测量下列表格中的数据，分析测试数据，得出结论或作出相关曲线，做好报告。

（1）查阅资料，认识二极管的型号

如表 1-2。

表 1-2　二极管各部分的含义

型号	第一部分	第二部分	第三部分	第四部分
2AP9				
2CZ12				
1N4001				

（2）判别二极管的极性

如表 1-3。

表 1-3　二极管极性判别测量表

电阻值/Ω	$R \times 1k\Omega$		$R \times 100\Omega$		$R \times 10\Omega$		质量判别	
型号	正向	反向	正向	反向	正向	反向	正向	反向
2AP9								
2CZ12								
1N4001								

（3）二极管性能的测定

按图 1-13 连线，所选取的两个二极管分别为 1N4007 和 1N4733A，将 1N4007 接入输出端，将电源电压调制 2V 左右，然后用电位器 RP_1 调节输出电压 u_D 为表 1-4 所示的值。

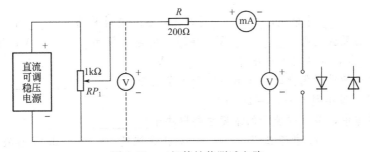

图 1-13　二极管性能测试电路

表 1-4　二极管的正向特性

u_D/V	0	0.05	0.1	0.15	0.2	0.3	0.4	0.5	0.6	0.7
i_D/A										

根据表 1-4 数据，画出二极管正向特性曲线。

在图 1-13 中，以 1N4733A 接入输出端，测定其稳压特性（伏安特性）。将电源电压调至 6V,调节电位器 RP_1,按表 1-5 所示逐步加大电压,测定并记录稳压管工作电流。

表 1-5　稳压管伏安特性

U_2/V	1.0	2.0	3.0	4.0	4.5	4.8	5.0		
I_Z/mA								5	10

根据表 1-5 数据,画出稳压管伏安特性曲线,指出其工作区域。

【小结】

① 半导体有自由电子和空穴两种载流子参与导电。本征半导体的载流子由本征激发产生,电子和空穴成对出现,常温下,导电能力很弱。本征半导体中掺入五价元素杂质,则成为 N 型半导体,N 型半导体中电子是多子,空穴是少子。本征半导体中掺入三价元素杂质,则成为 P 型半导体,P 型半导体中空穴是多子,电子是少子。

② PN 结是构成半导体器件的核心,其主要特性是单向导电性。二极管由 PN 结构成。硅二极管的正向导通电压约为 $0.6\sim0.8$V,锗管约为 $0.2\sim0.3$V。

③ 普通二极管在大信号状态,可将二极管等效为理想二极管,即正偏时导通,电压降为零,相当于理想开关闭合;反偏时截止,电流为零,相当于理想开关断开。将这一特性称为二极管的开关特性。利用二极管的开关特性可构成开关电路、整流电路、限幅电路等。

④ 稳压二极管、发光二极管、光电二极管、变容二极管结构与普通二极管类似,均由 PN 结构成。但稳压二极管工作在反向击穿区,主要用途是稳压;发光与光电二极管是用以实现光电信号转换的半导体器件,它在信号处理、传输中获得广泛的应用;变容二极管在电路中作可变电容使用,广泛用于高频电路中。

【自测题】

1.1　填空题(每空 2 分,共 30 分)

① 半导体中有_____和_____两种载流子参与导电。

② 本征半导体中,若参入微量的五价元素,则形成_____型半导体,其多数载流子是_____;若掺入微量的三价元素,则形成_____型半导体,其多数载流子是_____。

③ PN 结在_____时导通,_____时截止,这种特性称为_____性。

④ 硅二极管的死区电压为_____V,导通时的电压降为_____V;锗二极管的死区电压为_____V,导通时的电压降为_____V。

⑤ 半导体二极管进行代换时主要考虑的两个参数是_____和_____。

1.2　选择题(每小题 4 分,共 20 分)

① 杂质半导体中,多数载流子的浓度主要取决于_____。

　　a. 温度　　　　b. 掺杂工艺　　　　c. 掺杂浓度　　　　d. 晶格缺陷

② 当温度升高时,二极管的反向饱和电流将_____。

　　a. 增大　　　　b. 不变　　　　c. 减小　　　　d. 变为 0

③ 当二极管两端加上正向电压时_____。

　　a. 超过死区电压才导通　　　　　　b. 超过 0.2V 才导通

　　c. 一定导通　　　　　　　　　　　d. 均不正确

④ 用万用表 $R\times1k\Omega$ 挡测量二极管,若测出二极管正向电阻为 $1k\Omega$,反向电阻为 $5k\Omega$,则这只二极管的情况是_____。

　　a. 内部已断路　　b. 内部已短路　　　c. 没有坏但性能不好　d. 性能良好

⑤如果二极管的正、反向电阻都很大，则该二极管（　　　）。

　　a. 正常　　　　　　b. 已被击穿　　　　c. 内部断路　　　　　d. 没有坏但性能不好

1.3　选择题（每小题 2 分，共 10 分）

① N 型半导体内，自由电子远多于空穴，因此它带负电。（　　　）

② PN 结加上正向电压时，空间电荷区变窄，呈低阻态，正向导通。（　　　）

③ 二极管的反向饱和电流越小，说明其单向导电性越好。（　　　）

④ 二极管导通时，电流从其阳极（正极）流出，阴极（负极）流入。（　　　）

⑤ 稳压二极管用于稳压时必须接正向电压。（　　　）

1.4　电路如图 1-14 所示，设二极管的导通电压 $U_{D(on)}=0.7V$，写出各电路的输出电压 U_o 值。（24 分）

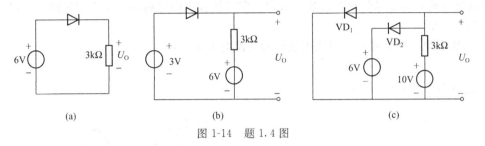

图 1-14　题 1.4 图

1.5　在图 1-15 所示电路中，设 $u_i=(8\sin\omega t)$ V，且二极管具有理想特性，当开关 S 闭合和断开时，试对应画出 u_o 波形。（16 分）

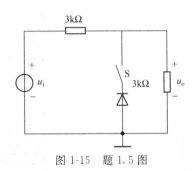

图 1-15　题 1.5 图

【任务 1.2】整流电路的认知

【任务描述】

　　给定学生一个整流电路图及相关参数，要求学生能指出整流电路的组成元件及工作原理，说出直流电压（电流）平均值与交流电压（电流）有效值之间的关系。能够根据电路要求选用合适的二极管型号。

【任务分析】

　　要使学生顺利完成此任务，首先要给学生建立整流电路的概念，告诉学生整流电路的组成元件和电路特点，引导学生分析整流电路的工作原理。然后，指导并训练学生进行整流电路电流、电压的计算和根据需要选择整流电路元器件。在此基础上，学生才能看懂直流稳压电源中的整流电路结构，分析整流电路的工作原理，掌握整流电路相关参数的计算和合理选择整流电路元器件。

【知识准备】

1.2.1 整流电路

利用二极管的单向导电性，将电网的交流电压变换成单向脉动的直流电压的过程叫做整流。根据交流电的相数，整流电路可分为单相整流、三相整流等。在小功率电路中，一般采用单相整流，常见的有单相半波、全波和桥式整流电路。

（1）单相半波整流电路

单相半波整流电路通常由降压变压器 Tr、整流二极管 VD 和负载电阻 R_L 组成，电路如图 1-16 所示。

为简化分析，将二极管视为理想二极管，即二极管正向导通时，相当于短路；反向截止时，相当于开路。

① 工作原理　设电源变压器次级绕组的交流电压 u_2 为

$$u_2 = \sqrt{2}U_2 \sin\omega t$$

u_2 的波形如图 1-17(a) 所示。

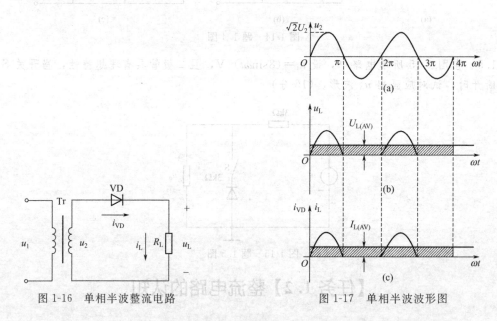

图 1-16　单相半波整流电路　　　　图 1-17　单相半波波形图

当 u_2 的波形为正半周时，变压器次级绕组的瞬时极性是上端为正，下端为负。二极管 VD 因正向偏置而导通，电流自上而下流过负载电阻 R_L，则 $u_D = 0$，$u_L = u_2$。

在 u_2 的波形为负半周时，变压器次级绕组的瞬时极性是上端为负，下端为正。二极管 VD 因反向偏置而截止，没有电流通过负载电阻 R_L，则 $u_L = 0$，而 u_2 全部加在二极管 VD 两端，有 $u_D = u_2$。负载上的电压和电流的波形如图 1-17(b) 和（c）所示。

上述可见，电路利用二极管的单向导电性，将变压器次级绕组的正弦交流电变换成了负载两端的单向脉动的直流电，达到了整流的目的。这种电路在交流电的半个周期里才有电流通过负载，故称为半波整流电路。

② 参数计算　输出直流电压是指负载上一个周期内脉动电压的平均值。对于半波整流电路为

$$U_L = \frac{1}{2\pi}\int_0^{2\pi} u_L \mathrm{d}(\omega t) = \frac{1}{2\pi}\int_0^{2\pi} \sqrt{2}U_2\sin\omega t\,\mathrm{d}(\omega t)$$

即：
$$U_L = \frac{\sqrt{2}}{\pi}U_2 \approx 0.45U_2 \tag{1-1}$$

流经负载的直流电流 I_L 与流过二极管的直流电流 I_{VD} 相同，即

$$I_L = \frac{U_L}{R_L} = 0.45\frac{U_2}{R_L} = I_{VD} \tag{1-2}$$

二极管承受的最大反向电压为二极管截止时两端电压的最大值。即

$$U_{DRM} = \sqrt{2}U_2 \tag{1-3}$$

③ 整流二极管的选择　为保证整流二极管安全工作，选用整流二极管时要求

$$I_F \geqslant I_{VD} \tag{1-4}$$

$$U_{RM} \geqslant U_{DRM} \tag{1-5}$$

根据 I_F 和 U_{RM} 计算值，查阅有关半导体器件手册选用合适的二极管型号使其定额接近或略大于计算值。

半波整流电路结构简单，但输出电压低、脉动大，只适用于要求不高的场合。

（2）单相桥式整流电路

单相桥式整流电路如图 1-18（a）所示。电路由降压变压器 T_r、四个相同的二极管

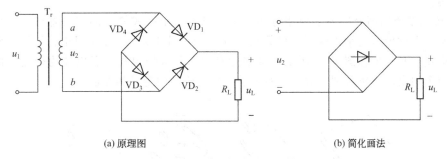

　　(a) 原理图　　　　　　　　　　　　　　　　(b) 简化画法

图 1-18　单相桥式整流电路

$VD_1 \sim VD_4$ 和负载 R_L 组成，其原理电路中四个二极管接成一个电桥形式，其中二极管极性相同的一对顶点接负载电阻 R_L，二极管极性不同的一对顶点接交流电压，所以称之为桥式整流。其简化画法如图 1-18（b）所示。

① 工作原理　为简化分析，同样将二极管视为理想二极管。

设电源变压器次级绕组的交流电压 u_2 为：

$$u_2 = \sqrt{2}U_2\sin\omega t$$

u_2 的波形如图 1-19（a）所示。

当 u_2 的波形为正半周时，图 1-18（a）中变压器次级绕组的瞬时极性 a 点为正，b 点为负。二极管 VD_1、VD_3 因正向偏置而导通，VD_2、VD_4 因反向偏置而截止，电流由 a 点流出，经 VD_1、R_L、VD_3 回到 b 点，这样负载上的电压极性为上正下负，其波形如图 1-19（b）中的 $0\sim\pi$ 段所示。

当 u_2 的波形为负半周时，图 1-18（a）中变压器次级

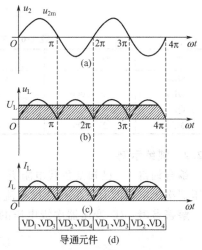

图 1-19　桥式整流波形图

绕组的瞬时极性 a 点为负，b 点为正。二极管 VD_1、VD_3 因反向偏置而截止，VD_2、VD_4 因正向偏置而导通，电流由 b 点流出，经 VD_2、R_L、VD_4 回到 a 点，这样负载上的电压极性为上正下负，其波形如图 1-19(b) 中的 $\pi\sim2\pi$ 段所示。

上述可见，在交流电压 u_2 变化一周时，由于 VD_1、VD_3 和 VD_2、VD_4 轮流导通，所以负载 R_L 上得到的是单方向全波脉动的直流电压和电流。

② 参数计算　比较图 1-17 和图 1-19，可知在 U_2 相等的条件下，桥式整流输出的直流电压或直流电流是半波整流电路的 2 倍，即

$$U_L \approx 0.9 U_2 \tag{1-6}$$

$$I_L = 0.9 \frac{U_2}{R_L} \tag{1-7}$$

由于每个二极管只在半个周期内导通，所以通过每个二极管的电流平均值为

$$I_D = \frac{1}{2} I_L = 0.45 \frac{U_2}{R_L} \tag{1-8}$$

每个二极管承受的最大反向电压为二极管截止时两端电压的最大值，即

$$U_{DRM} = \sqrt{2} U_2 \tag{1-9}$$

③ 整流二极管的选择　桥式整流电路选择整流二极管的条件与半波整流电路完全相同。

单相桥式整流电路的直流输出电压较高，脉动较小，效率较高。因此，这种电路获得了广泛的应用。

④ 硅桥式整流器简介　为了使用方便，工厂已生产出桥式整流的组合器件——硅桥式整流器，又称硅桥堆（它是将四个二极管集中在同一硅片上），具有体积小、特性一致、使用方便等优点。其外形如图 1-20 所示，其中标有 "$\sim$" 符号的两个引出端为交流电源输入端，另外两个引出端为负载端。表 1-6 列出了部分硅桥堆的型号和参数。

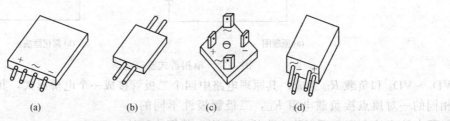

(a) 　　　　(b) 　　　　(c) 　　　　(d)

图 1-20　硅桥式整流器外形图

表 1-6　常用的硅桥式整流器的主要参数

型号	U_{RWM}/V	I_o/A	U_F/V	$I_R/\mu A$	I_{FSM}/A
QL1		0.05			1
QL3	$25\sim1000$	0.2			4
QL5		0.5	$\leqslant1.2$	$\leqslant10$	10
QL51	$25\sim500$	1			

1.2.2　训练示例

综合训练 1　已知某负载电阻 $R_L = 30\Omega$，$U_L = 18V$，要求用桥式整流电路供电，试计算变压器次级电压的有效值和选择整流二极管的型号。

解答参考　① 变压器次级电压的有效值为

$$U_2 = \frac{U_L}{0.9} = \frac{18}{0.9} = 20V$$

② 负载电流为：

$$I_{\mathrm{L}}=\frac{U_{\mathrm{L}}}{R_{\mathrm{L}}}=\frac{18}{30}=0.6\mathrm{A}$$

③ 二极管通过的平均电流为

$$I_{\mathrm{D}}=\frac{1}{2}I_{\mathrm{L}}=\frac{1}{2}\times0.6=0.3\mathrm{A}$$

④ 二极管的最大反向电压为

$$U_{\mathrm{DRM}}=\sqrt{2}U_2=\sqrt{2}\times20\approx28.3\mathrm{V}$$

查阅半导体器件手册，可选用 2CZ54B 硅整流二极管。该管的最大整流电流 0.5A，最高反向工作电压为 50V。

综合训练 2　欲得到输出直流电压 $U_\mathrm{o}=50\mathrm{V}$，直流电流 $I_\mathrm{o}=160\mathrm{mA}$ 的电源，问应采用哪种整流电路？画出电路图，并计算电源变压器的容量，选择相应的整流二极管。

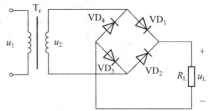

图 1-21　单相桥式整流电路

解答参考　① 分析：在各种单相整流电路中，半波整流电路的输出电压相对较低，且脉动较大；桥式整流电路的优点是输出电压高，电压脉动较小，同时因整流变压器在正负半周内都有电流供给负载，整流变压器得到了充分的利用，效率较高，因此单相桥式整流电路在半导体整流电路的应用最为广泛。

② 采用桥式整流电路，如图 1-21 所示。

③ 变压器次级电流有效值为

$$I_2=1.2I_\mathrm{o}=1.2\times160=192\mathrm{mA}$$

④ 变压器次级电压有效值为

$$U_2=\frac{U_\mathrm{o}}{0.9}=\frac{50}{0.9}=55.6\mathrm{V}$$

⑤ 变压器的容量为

$$S=U_2I_2=55.6\times0.192\approx10\ (\mathrm{V}\cdot\mathrm{A})$$

⑥ 流过整流二极管的平均电流为：

$$I_\mathrm{D}=\frac{1}{2}I_\mathrm{o}=\frac{1}{2}\times160=80\mathrm{mA}$$

⑦ 整流二极管承受的最高反向电压为

$$U_{\mathrm{DRM}}=\sqrt{2}U_2=\sqrt{2}\times55.6=78.6\mathrm{V}$$

查阅半导体器件手册，可选用 2CZ52C 硅整流二极管。该管的最大整流电流 0.1A，最高反向工作电压为 100V。

【任务实施】

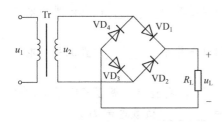

图 1-22　桥式整流电路

桥式整流电路如图 1-22 所示。试问：① 说出整流电路类型，写出整流电路的计算公式？② 四只二极管的作用？③ 如 VD$_4$ 断开电路会怎样？

任务完成指导：学生分小组讨论完成后进行汇报，师生互评，教师小结。

① 桥式整流电路，用 $U_\mathrm{L}\approx0.9U_2$，$I_\mathrm{L}=0.9\dfrac{U_2}{R_\mathrm{L}}$

来计算负载上的电压和电流。

② $VD_1 VD_4$、$VD_2 VD_3$ 两组二极管轮流导通，使负载整个周期都得到单向脉动的直流电压和电流。

③ VD_4 断开，会使电路由桥式整流电路变为半波整流电路。

任务拓展 图 1-23 是一个简单的车辆蓄电池充电器电路。①说出整流电路类型、元器件。②$VD_1 \sim VD_4$ 的作用是什么？③如 VD_3 接反电路会怎样？

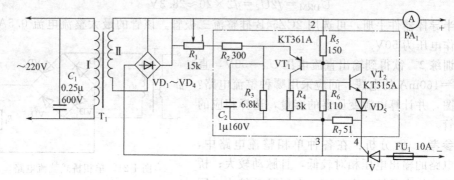

图 1-23 电池充电器电路

参考解答 ① 桥式整流电路，整流电路由 C_1、T_1、$VD_1 \sim VD_4$ 组成。

② $VD_1 VD_4$、$VD_2 VD_3$ 两组二极管轮流导通，使负载整个周期都得到单向脉动的直流电压和电流。

③ VD_3 接反，会使降压变压器次级绕组短接，损坏电源变压器。

【小结】

① 二极管的主要用途是用作整流元件，整流二极管的主要参数是最大整流电流和最高反向工作电压。

② 整流电路是利用二极管的单向导电性，将交流电压变成单向的脉动直流电压。

③ 在分析整流电路时，将二极管当作理想二极管处理。这样不仅可以简化分析过程，而且所得结果可以满足一般工程实际要求。

④ 整流电路分为半波整流电路和桥式整流电路。

⑤ 分析整流电路时，应根据二极管的工作状态来得到负载两端电压、电流的波形，从而得出输出电压和电流的平均值、二极管的最大整流平均电流和所能承受的最高反向电压。

【自测题】

2.1 填空题（每空 3 分，共 27 分）

① 整流电路的作用是：将交流电变成_____电。

② 单相半波整流电路中，负载电阻 R_L 上的直流平均电压等于_____；直流平均电流等于_____。

③ 单相桥式整流电路中，负载电阻 R_L 上的直流平均电压等于_____；直流平均电流等于_____。

④ 单相半波整流电路中，若变压器次级电压有效值为 U_2，则整流二极管实际承受的最高反向电压 $U_{DRM}=$ _____U_2。二极管流过的电流 $I_D=$ _____负载电流 I_L。

⑤ 单相桥式整流电路中，若变压器次级电压有效值 U_2，则每只二极管实际承受的最高

反向电压 $U_{DRM} =$ _____ U_2。二极管流过的电流 $I_D =$ _____ 负载电流 I_L。

2.2 选择题（每小题 4 分，共 20 分）

① 半波整流与桥式整流相比，输出电压脉动成分较小的是_____电路。

　　a. 半波整流　　　　　　b. 桥式整流　　　　　　c. 都对

② 一个半波整流电路的变压器次级电压为 10V，负载为 500Ω，则流过二极管的平均电流为_____。

　　a. 45mA　　　　　　b. 90mA　　　　　　c. 9mA　　　　　　d. 4.5mA

③ 一个桥式整流电路的变压器次级电压为 10V，负载为 500Ω，则流过二极管的平均电流为_____。

　　a. 45mA　　　　　　b. 90mA　　　　　　c. 9mA　　　　　　d. 4.5mA

④ 测量桥式整流电路的输出直流电压为 18V，此时发现一只二极管已经断开，则其变压器次级电压为_____。

　　a. 20V　　　　　　b. 30V　　　　　　c. 40V　　　　　　d. 50V

⑤ 若半波整流电路负载两端的平均电压为 4.5V，则二极管的最高反向工作电压应大于_____。

　　a. 4.5V　　　　　　b. 5V　　　　　　c. 6V　　　　　　d. 10V

2.3 判断题（每小题 2 分，共 10 分）

① 在交流电源与整流电路之间需加降压变压器。（　　　）

② 在整流电路中，整流二极管只有在截止时，才可能发生击穿现象。（　　　）

③ 在变压器副边电压和负载电阻相同的情况下，桥式整流电路的输出电流是半波整流电路输出电流的 2 倍。（　　　）

④ 若 U_2 为电源变压器副边电压的有效值，则半波整流电路和桥式整流电路在空载时的输出电压均为 U_2。（　　　）

⑤ 半波整流与桥式整流电路中整流二极管的最大反向电压均为 $\sqrt{2}U_2$。（　　　）

2.4 用四只排列如图 1-24 所示的二极管组成桥式整流电路，试问图的端点如何接入交流电源和负载电阻 R_L？要求画出的接线图最简单。（10 分）

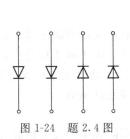

图 1-24　题 2.4 图

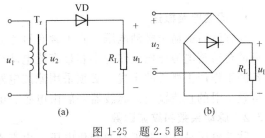

(a)　　　　　　　　　　(b)

图 1-25　题 2.5 图

2.5 电路如图 1-25 所示，设二极管是理想二极管，电源 u_2 为正弦波，试画出负载 R_L 两端的电压波形。（10 分）

2.6 电路如图 1-26 所示，已知 $R_L = 8k\Omega$，直流电压表 V_2 的读数为 110V，二极管的正向压降忽略不计，求：

① 直流电流表 A 的读数；

② 整流电流的最大值；

③ 交流电压表 V_1 的读数。（12 分）

2.7 电路如图1-27所示，变压器副边电压最大值U_{2M}大于电池电压U_{GB}，试画出U_o及I_o的波形。（11分）

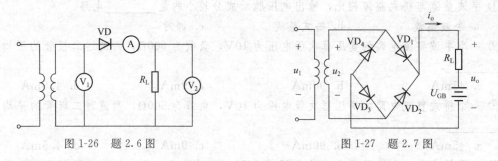

图1-26 题2.6图　　　　　　图1-27 题2.7图

【任务1.3】滤波电路的认知

【任务描述】

给定学生一个滤波电路图及相关参数，要求学生能指出滤波电路的组成元件及工作原理，说出滤波元件的选择和整流二极管的选择。输出直流电压的平均值与交流电压有效值之间的关系。

【任务分析】

要使学生顺利完成此任务，首先要给学生建立滤波电路的概念，告诉学生滤波电路的组成元件和电路特点，引导学生分析滤波电路的工作原理。然后，指导并训练学生进行滤波电路电流电压的计算和滤波电路元器件的估算。在此基础上，学生才能看懂直流稳压电源中的滤波电路结构，分析滤波电路的工作原理，掌握滤波电路相关参数的计算和合理选择滤波电路元器件。

【知识准备】

1.3.1 滤波电路概述

经整流后的输出脉动电压，除了含有直流分量外，还含有较大的谐波分量。这种脉动电压只适合给蓄电池充电或作为小容量直流电动机等的直流电源。用于电子设备中，将对电子设备的工作产生严重的干扰，必须采用滤波电路。其目的是把脉动电压中的交流成分滤除，获得较平滑的直流输出。滤波器一般由电感、电容以及电阻等元件组成。

1.3.2 脉动系数和纹波因数

脉动电压是一种非正弦的变化电压，由直流分量和许多不同频率的交流谐波分量叠加而成。为了衡量整流电源输出电压脉动的程度，常用脉动系数S和纹波因数γ来表示。

脉动系数S为

$$S = \frac{\text{负载上最低次谐波分量的幅值}}{\text{直流分量}} = \frac{U_{Lim}}{U_L} \qquad (1\text{-}10)$$

纹波因数γ为

$$\gamma = \frac{\text{负载上交流分量的总有效值}}{\text{直流分量}} = \frac{U_{Leff}}{U_L} \qquad (1\text{-}11)$$

一般脉动系数S便于理论计算，而纹波因数γ便于测量。

利用傅里叶级数将单向半波脉动电压分解为

$u_L=\sqrt{2}U_2\left(\dfrac{1}{\pi}+\dfrac{1}{2}\sin\omega t-\dfrac{2}{3\pi}\cos2\omega t-\cdots\right)$，直流分量为 $U_L=\dfrac{\sqrt{2}U_2}{\pi}$，最低次谐波分量的

幅值为 $U_{L1m}=\dfrac{\sqrt{2}U_2}{2}$，则脉动系数 S 为

$$S=\frac{\dfrac{\sqrt{2}U_2}{2}}{\dfrac{\sqrt{2}U_2}{\pi}}=\frac{\pi}{2}=1.57 \tag{1-12}$$

利用傅里叶级数将单向全波和桥式脉动电压分解为

$u_L=\sqrt{2}U_2\left(\dfrac{2}{\pi}-\dfrac{4}{3\pi}\cos2\omega t-\dfrac{4}{15\pi}\cos4\omega t-\cdots\right)$，直流分量为 $U_L=\dfrac{2\sqrt{2}U_2}{\pi}$，最低次谐波分

量的幅值为 $U_{L2m}=\dfrac{4\sqrt{2}U_2}{3\pi}$，则脉动系数 S 为

$$S=\frac{\dfrac{4\sqrt{2}U_2}{3\pi}}{\dfrac{2\sqrt{2}U_2}{\pi}}=\frac{2}{3}=0.67 \tag{1-13}$$

故全波和桥式整流电路得到的输出电量，其波形脉动程度比半波整流的减小一半。但输出电量脉动仍很大，不能满足要求输出平稳的电子设备。需采用滤波器，使脉动降低到实际应用所允许的程度。

1.3.3 滤波电路分类与滤波原理

常用的滤波电路有电容滤波电路、电感滤波电路、复式滤波电路。

(1) 电容滤波电路

电容滤波主要利用电容两端的电压不能突变的特性，与负载并联，使负载得到较平滑的电压。图 1-28(a) 就是一个单相桥式整流电容滤波电路。

① 工作原理 设电容初始电压为零，接通电源时，u_2 由零开始上升，二极管 VD_1、VD_3 正偏导通，VD_2、VD_4 反偏截止，电源向负载 R_L 供电的同时，也向电容 C 充电。因变压器次级绕组的直流电阻和二极管的正向电阻均很小，故充电时间常数很小，充电速度很快，$u_C=u_2$，达到峰值 $\sqrt{2}U_2$ 后，u_2 下降，当 $u_C>u_2$ 时，VD_1、VD_3 也截止，电容开始向 R_L 放电，因其放电时间常数 R_LC 较大，u_C 缓慢下降。直至 u_2 的负半周出现 $|u_2|>|u_C|$ 时，二极管 VD_2、VD_4 正偏导通，电源又向电容充电，如此周而复始地充、放电，得到图 1-28(c) 所示的 u_C，即输出电压 u_L 的波形。显然此波形比没有滤波时平滑得多，即输出电压中的纹波大为减少，达到了滤波的目的。

② 参数计算 滤波电容的大小取决于放电回路的时间常数。放电时间常数 R_LC 越大时，输出电压的脉动就越小。工程上一般取

$$C\geq(3\sim5)\frac{T}{2R_L} \tag{1-14}$$

其中 T 为电源电压 u_2 的周期，滤波电容一般采用电解电容或油浸密封纸质电容器。此外，当负载断开时，电容器两端的电压最大值为 $\sqrt{2}U_2$，故电容器的耐压应大于此值，通常取 $(1.5\sim2)U_2$。

当电容的容量满足式(1-14) 时，电容两端的电压即输出的直流电压，可按下式估算

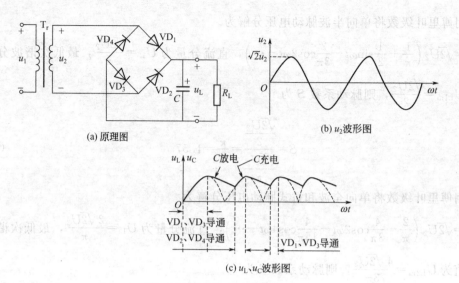

图 1-28　单相桥式整流电容滤波

$$U_{\mathrm{L}} \approx 1.2 U_2 \quad \text{（全波）或} \quad U_{\mathrm{L}} \approx U_2 \text{（半波）} \tag{1-15}$$

当滤波电路进入稳态工作时，电路的充电电流平均值等于放电电流的平均值，因此，二极管的平均电流是负载电流的一半，即

$$I_{\mathrm{D}} = \frac{1}{2} I_{\mathrm{L}} = \frac{1}{2} \frac{U_{\mathrm{L}}}{R_{\mathrm{L}}} \tag{1-16}$$

考虑到每个二极管的导通时间较短，会有较大的冲击电流，因此，二极管的最大整流电流一般按下式选择，即

$$I_{\mathrm{F}} = (2 \sim 3) I_{\mathrm{D}} \tag{1-17}$$

二极管承受的最高反向工作电压仍为二极管截止时两端电压的最大值，则选取

$$U_{\mathrm{DRM}} \geqslant \sqrt{2} U_2 \tag{1-18}$$

综上所述，电容滤波电路的优点是电路简单，输出电压较高，脉动小。它的缺点是负载电流增大时，输出电压迅速下降。因此它适用于负载电流较小且变动不大的场合。

（2）电感滤波电路

电感滤波电路是利用电感中电流不能突变的特点，把电感 L 与负载 R_{L} 串联，使输出电流波形较为平滑。因为电感对直流的阻抗小，交流的阻抗大，因此能够得到较好的滤波效果。

电感滤波电路如图 1-29 所示。根据电感的特点，当输出电流发生变化时，L 中将感应出一个反电势，使整流管的导电角 θ 增大，其方向将阻止电流发生变化。

① 工作原理　当 u_2 的波形为正半周时，VD_1、VD_3 导电，电感中的电流将滞后 u_2 不到 $90°$。当 u_2 超过 $90°$ 后开始下降，电感上的反电势有助于 VD_1、VD_3 继续导电。

当 u_2 的波形为负半周时，VD_2、VD_4 导电，变压器副边电压全部加到 VD_1、VD_3 两端，致使 VD_1、VD_3 反偏而截止，此时，电感中的电流将经由 VD_2、VD_4 提供。

由于桥式电路的对称性和电感中电流的连续性，四个二极管 VD_1、VD_3；VD_2、VD_4 的导电角 θ 都是 $180°$。电感线圈的电感量越大，负载电阻越小，则滤波效果越好。

② 参数计算　电感滤波电路输出电压平均值为

$$U_{\mathrm{L}} = \frac{R_{\mathrm{L}}}{R + R_{\mathrm{L}}} 0.9 U_2 \approx 0.9 U_2 \tag{1-19}$$

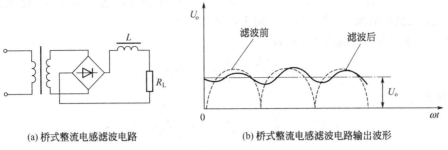

(a) 桥式整流电感滤波电路　　　　　(b) 桥式整流电感滤波电路输出波形

图 1-29　桥式整流电感滤波电路及波形

其中 R 为滤波电感的直流电阻。注意电感滤波电路的电流必须要足够大，即 R_L 不能太大，应满足 $\omega L \gg R_L$。

电感滤波电路输出电流平均值为

$$I_L \approx \frac{0.9U_2}{R_L} \tag{1-20}$$

综上所述，电感滤波适用于负载电流较大的场合。缺点是电感量大，体积大，成本高。

1.3.4　常用滤波电路的性能比较

为了进一步提高滤波效果，将电容和电感组成复式滤波电路，常用的有 Γ 型 LC、π 型 LC、π 型 RC 复式滤波电路。这样经双重滤波后，输出电压更加平滑。复式滤波电路如图 1-30 所示。

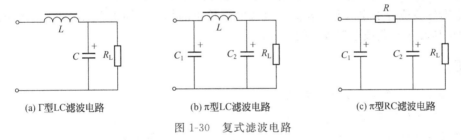

(a) Γ型LC滤波电路　　　　(b) π型LC滤波电路　　　　(c) π型RC滤波电路

图 1-30　复式滤波电路

Γ 型 LC 滤波电路输出电流较大，但体积大，成本高。适用于负载变动大，负载电流较大的场合。π 型 LC 滤波电路输出电压高，滤波效果好，但带负载能力差，适用于负载电流较小、要求稳定的场合。π 型 RC 复式滤波电路滤波效果较好，结构简单经济，适用于负载电流小的场合。

【任务实施】

根据已了解掌握的整流滤波电路的知识，如图 1-28 所示桥式整流滤波电路中，已知交流电源频率 $f = 50\text{Hz}$，$I_L = 150\text{mA}$，$U_L = 30\text{V}$，试选择合适的整流二极管及滤波电容。

解答参考　① 选择整流二极管　流过整流二极管的平均电流为

$$I_D = \frac{1}{2} I_L = \frac{1}{2} \times 150 = 75\text{mA}$$

变压器副边电压有效值为

$$U_2 = \frac{U_L}{1.2} = \frac{30}{1.2} = 25\text{V}$$

整流二极管承受的最高反向电压为

$$U_{DRM} = \sqrt{2} U_2 = \sqrt{2} \times 25 = 35.3\text{V}$$

根据 $I_F = (2 \sim 3)I_D = 150 \sim 225\text{mA}$，查阅半导体器件手册，选用 2CZ53B 硅整流二极管。该管的最大整流电流 0.3A，最高反向工作电压为 50V。

② 选择滤波电容　负载电阻 R_L 为

$$R_L = \frac{U_L}{I_L} = \frac{30}{0.15} = 200\Omega$$

时间常数为：

$$\tau = R_L C = 5 \times \frac{T}{2} = 5 \times \frac{1}{2f} = 5 \times \frac{1}{2 \times 50} = 0.05\text{s}$$

电容 C 的值为

$$C = \frac{\tau}{R_L} = \frac{0.05}{200} = 250 \times 10^{-6}\text{F} = 250\mu\text{F}$$

取标称值 $300\mu\text{F}$；电容的耐压为 $(1.5 \sim 2)U_2 = (1.5 \sim 2) \times 25\text{V} = 37.5 \sim 50\text{V}$。最后确定选 $300\mu\text{F}/100\text{V}$ 的电解电容器。

【小结】

① 经整流后的单方向脉动电压中含有交流成分，必须通过滤波器滤除。

② 滤波电路通常由电容、电感、电阻等元件组成。

③ 将电容与负载并联组成电容滤波，将电感与负载串联组成电感滤波，由电容、电感、电阻可组成复式滤波。

④ 滤波电路分为电容滤波电路、电感滤波电路、复式滤波电路。

⑤ 电容滤波适合于输出电压较高、负载电流较小的场合；而 LC 滤波和 π 型滤波常适合于输出电压较小、负载电流较大的场合。

【自测题】

3.1　填空题（每空 1.5 分，共 33 分）

① 滤波电路的功能是_____，_____。

② 滤波器一般由_____、_____、_____等元件组成。

③ 在整流电路与负载之间接入滤波电路，可以把脉动直流电中的_____成分滤除掉。当负载功率较小时，采用_____滤波方式效果最好。而当负载功率较大时，则采用_____滤波方式较好。

④ 电容器的两个主要参数是：_____和_____。在设计电路选择电容时要注意选取_____和_____（并且要留有一定的余量）。

⑤ 电容滤波的特点是：输出电压得到平滑，输出电压的直流（平均）分量_____（增大或减小）；当负载 R_L 断开时，输出电压 U_o 的数值是：_____。

⑥ 电解电容，特别适用于滤波的电解电容，在实际使用时一定要注意正负极性，其正极应接_____电位，负极接_____电位。若极性接反，其_____将会大大降低，容易击穿损坏。

⑦ 设整流电路输入交流电压有效值为 U_2，则单相半波整流滤波电路的输出直流电压 $U_L =$_____，单相桥式整流电容滤波器的输出直流电压 $U_L =$_____。

⑧ 桥式整流电容滤波电路和半波整流电容滤波电路相比，由于电容充放电过程_____（延长或缩短），因此输出电压更为_____（平滑或多毛刺），输出的直流电压幅度也更_____（高或低）。

3.2　选择题（每小题 4 分，共 20 分）

① 半波整流滤波电路与桥式整流滤波相比，输出电压脉动成分较小的是_____电路。

　　a. 半波整流滤波　　　　b. 桥式整流滤波　　　　c. 都对

② 一个半波整流滤波电路的变压器次级电压为 18V，则负载上的直流电压为_____。

　　a. 8.1V　　　　　　b. 16.2V　　　　　　c. 18V　　　　　　d. 21.6V

③ 一个桥式整流滤波电路的变压器次级电压为 18V，则负载上的直流电压为_____。

　　a. 8.1V　　　　　　b. 16.2V　　　　　　c. 18V　　　　　　d. 21.6V

④ 一个桥式整流滤波电路的变压器次级电压为 18V，负载为 500Ω，则流过二极管的平均电流为_____。

　　a. 8.1mA　　　　　b. 15mA　　　　　c. 18mA　　　　　d. 21.6mA

⑤ 下列整流滤波电路中，滤波效果最佳的是_____电路。

　　a. 电容滤波　　　　b. 电感滤波　　　　c. 复式滤波　　　　d. 都对

3.3　判断题（每小题 2 分，共 10 分）

① 整流输出电压加电容滤波后，电压波动性减小，故输出电压也下降。（　　）

② 电容滤波效果是由电容器容抗大小决定的。（　　）

③ 电容滤波器广泛运用于负载电流小且变化量不大的场合。（　　）

④ 若 U_2 为电源变压器副边电压的有效值，则半波整流电容滤波电路和全波整流电容滤波电路在空载时的输出电压均为 U_2。（　　）

⑤ 电感滤波器广泛运用于负载电流比较大且变化量不大的场合。（　　）

3.4　电路如图 1-31 所示，判断各电路能否作为滤波电路，简述理由。（9 分）

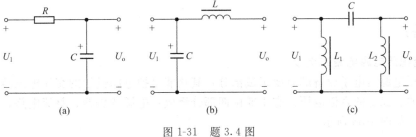

(a)　　　　　　　　　　(b)　　　　　　　　　　(c)

图 1-31　题 3.4 图

3.5　桥式整流电容滤波电路如图 1-32 所示，已知 $U_o=24V$，$R_L=300\Omega$。试：

① 求输入电压 U_2；

② 选择二极管的型号；

③ 选择滤波电容。（8 分）

3.6　桥式整流电容滤波电路如图 1-32 所示，已知 $u_2=30V$。各元器件的参数均符合要求。

① 测得的输出电压为：$U_L=42V$，$U_L=30V$，$U_L=27V$，$U_L=13.5V$；试分析电路分别出现什么故障？

② 当电路中某二极管出现下列情况：开路，短路，接反，试分析电路分别处于何种状态？是否会给电路带来什么危害？（10 分）

3.7　桥式整流电容滤波电路如图 1-32 所示，已知交流电源频率 $f=50Hz$，要求输出直

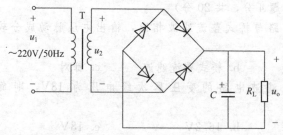

图 1-32　题 3.5、3.6、3.7 图

流电压为 $U_o = 30V$，输出直流电流为 $I_o = 150mA$，试选择二极管及滤波电容。（10 分）

【任务 1.4】 稳压电路的认知

【任务描述】

给定学生一个稳压电路图及相关参数，要求学生能指出稳压电路的组成元件及工作原理；说出稳压电路的电路特点与工作特性，稳压电路中元器件的选择。稳压电路输出直流电压的波动范围。

【任务分析】

要使学生顺利完成此任务，首先要给学生建立稳压电路的概念，告诉学生稳压电路的组成元件和电路特点，引导学生分析稳压电路的工作原理。然后，指导并训练学生进行稳压电路的电流电压测试方法。在此基础上，学生才能看懂直流稳压电源中的稳压电路结构，分析稳压电路的工作原理，掌握稳压电路相关参数的计算和合理选择稳压集成块器件。

【知识准备】

1.4.1　直流稳压电源电路的组成

直流稳压电源是电子设备的重要组成部分，其功能是把电网供给的交流电压转换成电子设备所需要的、稳定的直流电压。它主要由四部分组成：电源变压器、整流电路、滤波电路和稳压电路，如图 1-33 所示。

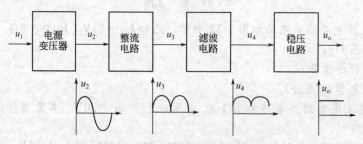

图 1-33　直流稳压电源电路的组成框图

（1）电源变压器
将电网交流电压变为整流电路所需的交流电压，一般次级电压 u_2 较小。
（2）整流电路

将变压器次级交流电压 u_2 变成单向的直流电压 u_3，它包含直流成分和许多谐波分量。

（3）滤波电路

滤除脉动电压 u_3 中的谐波分量，输出比较平滑的直流电压 u_4。该电压往往随电网电压和负载电流的变化而变化。

（4）稳压电路

它能在电网电压和负载电流变化时，保持输出直流电压的稳定。它是直流稳压电源的重要组成部分，决定着直流稳压电源的重要性能指标。

1.4.2　稳压电源的主要技术指标

（1）特性指标

特性指标表明稳压电源工作特征的参数，如：输入、输出电压及输出电流，电压可调范围等。

（2）质量指标

质量指标指衡量稳压电源稳定性能状况的参数，如稳压系数、输出电阻、纹波电压及温度系数等。

① 稳压系数 S_r　稳压系数又称电压调整特性。是指通过负载的电流和环境温度保持不变时，稳压电路输出电压的相对变化量与输入电压的相对变化量之比。即

$$S_r = \frac{\Delta U_o / U_o}{\Delta U_i / U_i} \bigg|_{\Delta I_o = 0} \tag{1-21}$$

数值越小，输出电压的稳定性越好。

② 输出电阻 R_o　是指当输入电压和环境温度保持不变时，输出电压的变化量与输出电流变化量之比。即

$$R_o = \frac{\Delta U_o}{\Delta I_o} \bigg|_{\Delta U_i = 0} \tag{1-22}$$

R_o 越小，带负载能力越强，对其他电路影响越小。

③ 纹波电压 S　是指稳压电路输出端中含有的交流分量，通常用有效值或峰值表示。S 值越小越好。

④ 温度系数 S_T　是指在 U_i 和 I_o 都不变的情况下，环境温度 T 变化所引起的输出电压的变化。即

$$S_T = \frac{\Delta U_o}{\Delta T} \bigg|_{\Delta U_i = 0, \Delta I_o = 0} \tag{1-23}$$

S_T 越小，漂移越小，该稳压电路受温度的影响越小。另外，还有其他的质量指标，如负载调整率、噪声电压等。

1.4.3　稳压电路分类与稳压原理

稳压电路根据调整元件类型可分为电子管稳压电路、三极管稳压电路、可控硅稳压电路、集成稳压电路等。根据调整元件与负载连接方法，可分为并联型和串联型。根据调整元件工作状态不同，可分为线性和开关型稳压电路。

1.4.3.1　并联型稳压电路

（1）稳压电路和稳压原理

图 1-34 所示由硅稳压管组成的并联型稳压电路，R 为限流电阻。硅稳压管 VZ 与负载 R_L 并联。

当负载电阻不变时，电网电压上升，导致 U_i 增大时，输出电压 U_o 也将增大，将会使

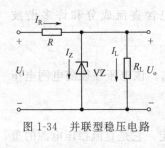

图 1-34 并联型稳压电路

流过稳压管的电流急剧增加，使得 I_R 也增大，限流电阻 R 上的电压降增大，从而抵消了 U_i 的升高，保持负载电压 U_o 基本不变。上述过程描述如下。

$$U_i \uparrow \rightarrow U_o \uparrow \rightarrow I_Z \uparrow \rightarrow U_R \uparrow \rightarrow I_R \uparrow \rightarrow U_o \downarrow$$

当电源不变时，负载电阻减小，输出电压 U_o 将减小，将会使流过稳压管的电流急剧下降，使得 I_R 也减小，限流电阻 R 上的电压减小，从而提高输出电压，保持负载电压 U_o 基本不变。上述过程描述如下。

$$R_L \downarrow \rightarrow U_o \downarrow \rightarrow I_Z \downarrow \rightarrow I_R \downarrow \rightarrow U_R \downarrow \rightarrow U_o \uparrow$$

综上所述，在稳压二极管所组成的稳压电路中，利用稳压管的电流调节作用，通过限流电阻 R 上电压或电流的变化进行补偿，来达到稳压的目的。

(2) 电路参数计算

① 稳压管的选择　一般选用稳压管型号主要依据参数为 U_Z 和 I_{ZM}，根据负载上电压 U_o 和 $I_L(\max)$ 而定。

$$U_Z = U_o \tag{1-24}$$

$$I_{Z(\max)} = (1.5 - 3) I_{L(\max)} \tag{1-25}$$

② 输入电压的确定　一般取

$$U_i = (1.5 - 2) U_o \tag{1-26}$$

③ 限流电阻 R 的计算　因电网电压允许有 $\pm 10\%$ 变化，因此，当 U_i 最大和 I_L 最小时，I_Z 不超过最大极限电流值；当 U_i 最小和 I_L 最大时，I_Z 不小于起始稳定电流值。所以，R 取值应满足

$$\frac{U_{i(\min)} - U_o}{I_Z + I_{o(\max)}} \geqslant R \geqslant \frac{U_{i(\max)} - U_o}{I_{ZM} + I_{o(\min)}} \tag{1-27}$$

式中，$U_i(\max) = 1.1 U_i$；$U_i(\min) = 0.9 U_i$。

硅稳压管并联稳压电路，其优点是电路结构简单，但输出电压不能调节，负载电流变化范围小，一般用做输出电流和稳压要求不高的场合。

1.4.3.2 串联型稳压电路

(1) 电路组成及工作原理

串联型稳压电路如图 1-35 所示，由取样电路、基准电路、比较放大和调整电路四部分组成（说明：涉及三极管元器件特性、功能介绍及基本放大电路的知识见项目 2，本项目中不作深入分析）。

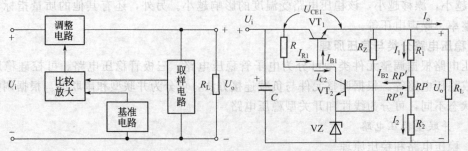

图 1-35　串联型稳压电路方框图和电路图

取样电路：由 R_1、R_2 和 R_W 组成，R_1、R_2 和 R_W 称为取样电阻。通过它可以反映输出电压 U_o 的变化。

基准电路：由 R_Z 和 VZ 组成，R_Z 是 VZ 的限流电阻，VZ 给比较三极管 VT_2 提供一个直流基准电压。

比较放大：由 VT_2 组成，作用是对取样电压（来自取样电路）和基准电压（由基准电压电路提供）进行比较，当比较的结果有误差时，比较放大器放大输出这一误差电压，由这一误差电压去控制调整管 VT_1 的基极。

调整电路：由 VT_1 组成，利用三极管集电极和发射极之间内阻可变的特性，对稳压电路的直流输出电压进行大小调整。

工作原理：当输出电压 U_o 发生变化时，通过取样电路把 U_o 的变化量取样加到比较放大管的基极。与发射极的基准电压 U_Z 进行比较放大后，输出调整信号送到调整管 VT_1 的基极，控制 VT_1 进行调整，以维持 U_o 基本不变。

（2）输出电压的调节

调节取样电路中电位器 RP 滑点位置，可改变输出直流电压 U_o 的大小。则

$$U_o \approx \frac{R_1 + R_2 + RP}{RP'' + R_2} U_Z \tag{1-28}$$

当调节电位器使 $RP'' = 0$ 时，输出电压最大，$U_o = U_{o(max)}$；当 $RP'' = RP$ 时，输出电压最小，$U_o = U_{o(min)}$。

串联型稳压电路的优点是输出电压可调，电压稳定度高、纹波电压小、响应速度快。缺点是调整管工作在线性状态，管压降较大，易损坏。常采用性能优良的集成稳压器来替代由分立元件组成的串联型稳压电路。

（3）训练示例

综合训练 电路如图 1-36 所示，已知 $U_Z = 4V$，$R_1 = R_2 = 3k\Omega$，电位器 $RP = 10k\Omega$，问

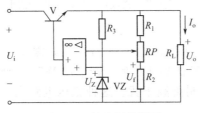

图 1-36 综合训练题图

① 输出电压 U_o 的最大值、最小值各为多少？

② 要求输出电压可在 6～12V 之间调节，问 R_1、R_2、RP 之间应满足什么条件？

解答参考 ① 输出电压 U_o 的最大值和最小值分别为

$$U_{omax} = \frac{R_1 + R_2 + RP}{R_2} U_Z = \frac{3 + 3 + 10}{3} \times 4 = 21.3V$$

$$U_{omin} = \frac{R_1 + R_2 + RP}{R_2 + RP} U_Z = \frac{3 + 3 + 10}{3 + 10} \times 4 = 4.9V$$

② 要求输出电压可在 6～12V 之间调节，即

$$U_{omax} = \frac{R_1 + R_2 + RP}{R_2} U_Z = 12V$$

$$U_{omin} = \frac{R_1 + R_2 + RP}{R_2 + RP} U_Z = 6V$$

联立以上两方程求解，得

$$R_1 = R_2 = RP$$

1.4.3.3 集成稳压器

（1）概述

由于集成电路工艺迅速发展，集成稳压电路具有体积小、外围元件少、性能稳定可靠、使用调整方便和价廉等优点，因此获得广泛使用。

目前，按照它们的性能和不同用途，可以分成两大类，一类是固定输出正压（或负压）三端集成稳压器 W78×× (W79××) 系列，另一类是可调输出正压（或负压）三端集成稳压器 W×17 (W×37) 系列。前者的输出电压是固定不变的，后者可在外电路上对输出电压进行连续调节。

（2）三端式固定输出集成稳压器

① 外形及使用要求　三端固定式集成电路稳压器的外形和端子如图 1-37 所示。其正电压（78×× 系列）和负电压（79×× 系列）输出端子排列各不相同。应用时必须注意端子功能，不能接错，否则电路将不能正常工作，甚至损坏集成电路。要求输入电压比输出电压至少大 2V。

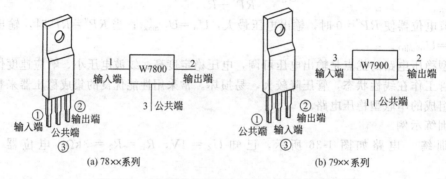

图 1-37　三端固定式集成稳压器的外形和图形符号

② 固定电压输出电路

● 单组电源的稳压电路。电路如图 1-38 所示。如需要 +12V 的稳压电源，则选用 W7812 型号器件；如需要 -12V 的稳压电源，则选用 W7912 型号器件。图中 C_i、C_o 用于频率补偿，防止自激振荡和抑制高频干扰。这种稳压电路在小功率稳压电源中获得广泛使用。

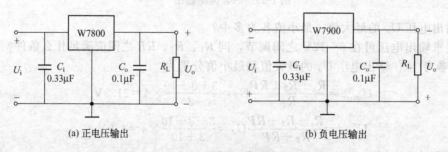

图 1-38　三端集成稳压器典型应用电路

● 正、负对称输出两组电源的稳压电路。用 W7800 系列和 W7900 的三端集成稳压器可组成正、负对称输出两组电源的稳压电路。如图 1-39 所示。输出端得到大小相等、极性相反的电压。

● 扩大输出电压的应用电路。如果需要输出电压高于三端稳压器输出电压时，可采用图 1-40 所示电路。

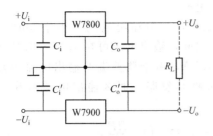

图 1-39 正负对称输出
两组电源的稳压电路

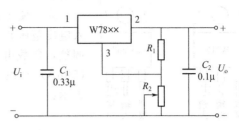

图 1-40 提高输出电压的接线图

在图 1-40 中：

$$U_o = U_{XX}\left(1 + \frac{R_2}{R_1}\right) \tag{1-29}$$

式中，U_{XX} 为集成稳压器的输出电压。通过调整 R_2 可得所需电压，但它的可调范围小。

● 扩大输出电流的应用电路。当负载电流大于三端稳压器输出电流时，可采用图 1-41 所示电路。

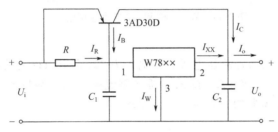

图 1-41 扩大输出电流的接线图

在图 1-41 中，

$$I_o = I_{XX} + I_C \tag{1-30}$$

$$I_{XX} = I_R + I_B - I_W \tag{1-31}$$

$$I_o = I_R + I_B - I_W + I_C = \frac{U_{BE}}{R} + \frac{1+\beta}{\beta}I_C - I_W$$

由于 $\beta \gg 1$，且 I_W 很小，可忽略不计，所以

$$I_o \approx \frac{U_{BE}}{R} + I_C \left(\text{其中 } R \approx \frac{U_{BE}}{I_o - I_C}\right) \tag{1-32}$$

式中，R 为 VT 提供偏置电压；U_{BE} 由三极管决定，锗管为 0.3V，硅管为 0.7V。

（3）三端可调式集成稳压器

① 概述　三端可调式集成稳压器按输出电压可分为正电压输出 W317（W117、W217）和负电压输出 W337（W317、W237）两大类，按输出电流大小，每个系列又分为 L 型和 M 型等。

三端可调集成稳压器克服了固定三端稳压器输出电压不可调的缺点，继承了三端固定式集成稳压器的诸多优点。

三端可调集成稳压器 W317 和 W337 是一种悬浮式串联调整稳压器。外形如图 1-42 所示。

② 基本应用电路　三端可调式集成稳压器的典型应用电路如图 1-43 所示。（a）图输出

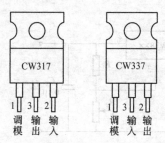

图 1-42　W317 和 W337 外形图

正电压,(b) 图输出负电压。

为了使电路正常工作,一般输出电流不小于 5mA,输入电压范围在 2~40V 之间,输出电压可在 1.25~37V 之间调整,负载电流可达 1.5A,由于调整端的输出电流非常小(50μA)且恒定,故可将其忽略,那么输出电压可用下式表示:

$$U_o = 1.25 \times \left(1 + \frac{RP}{R_1}\right) \qquad (1-33)$$

调节 RP 可改变输出电压大小。

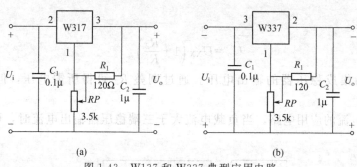

图 1-43　W137 和 W337 典型应用电路

(4) 训练示例

综合训练　试设计一台直流稳压电源,其输入为 220V、50Hz 交流电源,输出直流电压为 +12V,最大输出电流为 500mA,试采用桥式整流电路和三端集成稳压器构成,并加有电容滤波电路(设三端稳压器的压差为 5V),要求:

① 画出电路图;

② 确定电源变压器的变比,整流二极管、滤波电容器的参数,三端稳压器的型号。

解答参考　① 由于采用桥式整流、电容滤波和三端集成稳压器来构成该台直流稳压电源,故电路如图 1-44 所示,图中电容 $C_3 = 0.33 \mu F$, $C_4 = 1 \mu F$。

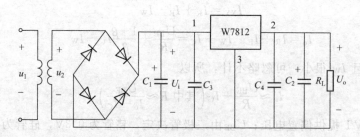

图 1-44　综合训练题图

② 由于输出直流电压为 +12V,所以三端集成稳压器选用 W7812 型。

由于三端稳压器的压差为 5V,所以桥式整流并经电容滤波的电压为

$$U_i = U_o + 5V = 17V$$

变压器副边电压有效值为

$$U_2 = \frac{U_i}{1.2} = \frac{17}{1.2}V = 14.17V$$

变压器的变比为

$$k = \frac{U_1}{U_2} = \frac{220}{14.17} = 15.5$$

流过整流二极管的平均电流为

$$I_D = \frac{1}{2}I_L = \frac{1}{2} \times 500 = 250\text{mA}$$

整流二极管承受的最高反向电压为

$$U_{DRM} = \sqrt{2}U_2 = \sqrt{2} \times 14.17 = 20\text{V}$$

负载电阻 R_L 为

$$R_L = \frac{U_o}{I_o} = \frac{12}{0.5} = 24\Omega$$

取

$$\tau = R_L C = 5 \times \frac{T}{2} = 5 \times \frac{1}{2f} = 5 \times \frac{1}{2 \times 50}\text{s} = 0.05\text{s}$$

则电容 C 的值为

$$C = \frac{\tau}{R_L} = \frac{0.05}{24}\text{F} = 2083 \times 10^{-6}\text{F} \approx 2000\mu\text{F}$$

其耐压值应大于变压器副边电压 u_2 的最大值 $\sqrt{2}U_2 = \sqrt{2} \times 14.17 = 20\text{V}$。
取标称值 $C_1 = C_2 = 2000\mu\text{F}$，耐压 50V 的电解电容。

1.4.3.4　开关型稳压电源

（1）概述

开关型稳压电源中的调整管工作在开关状态，因而功耗小，电路效率高，体积小，重量轻。适用于大功率且负载固定、输出电压调节范围不大、负载对输出纹波要求不高的场合。现在开关型电源应用很广泛，有许多不同种类的开关稳压电源。

调整管开通和关断时间的控制方式有三种：一种是固定开关频率，控制脉冲宽度（PWM）；另一种是固定脉冲宽度，控制开关频率（PFM）；还有一种是混合型。

（2）结构框图

开关电源结构框图如图 1-45 所示。由高频变换器、方波滤波器、比较器、基准电压、脉宽调制器等环节组成。

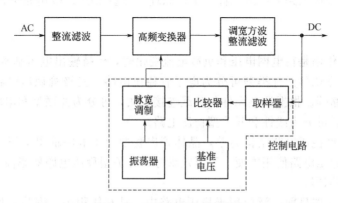

图 1-45　开关电源的结构框图

控制电路为脉冲宽度调制器，它主要由取样器、比较器、振荡器、脉宽调制及基准电压等电路构成。这部分电路目前已集成化，制成了各种开关电源集成电路。控制电路用来调整高频开关元件的开关时间比例，以达到稳定输出电压的目的。

（3）典型应用电路

① 单端反激式开关电源　单端反激式开关电源的电路如图 1-46 所示。电路中所谓的单端是指高频变换器的磁芯仅工作在磁滞回线的一侧。所谓的反激，是指当开关管 VT_1 导通时，高频变压器 T 初级绕组的感应电压为上正下负，整流二极管 VD_1 处于截止状态，在初级绕组中储存能量。当开关管 VT_1 截止时，变压器 T 初级绕组中存储的能量，通过次级绕组及 VD_1 整流和电容 C 滤波后向负载输出。

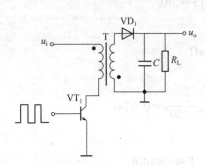

图 1-46　单端反激式开关电源

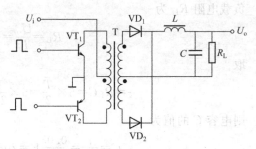

图 1-47　推挽式开关电源电路

单端反激式开关电源是一种成本最低的电源电路，输出功率为 20～100W，可以同时输出不同的电压，且有较好的电压调整率。唯一的缺点是输出的纹波电压较大，外特性差，适用于相对固定的负载。

② 推挽式开关电源　推挽式开关电源的电路如图 1-47 所示。它属于双端式变换电路，高频变压器的磁芯工作在磁滞回线的两侧。电路使用两个开关管 VT_1 和 VT_2，两个开关管在外激励方波信号的控制下交替的导通与截止，在变压器 T 次级绕组得到方波电压，经整流滤波变为所需要的直流电压。

这种电路的优点是两个开关管容易驱动，主要缺点是开关管的耐压要达到两倍电路峰值电压。电路的输出功率较大，一般在 100～500W 范围内。

【任务实施】

简述图 1-36 中稳压电路的组成元件及工作原理（可参照图 1-35 电路进行分析解答）。

【小结】

① 稳压电路的作用是在电网电压和负载电流变化时，保持输出电压基本不变。

② 稳压电路根据调整元件类型可分为电子管稳压电路、三极管稳压电路、可控硅稳压电路、集成稳压电路等。根据调整元件与负载连接方法，可分为并联型和串联型。根据调整元件工作状态不同，可分为线性和开关型稳压电路。

③ 稳压管并联型稳压电路结构简单，晶体管串联型稳压电路输出电压可调且输出电流较大；集成串联型稳压电路使用方便，稳压效果好；开关型稳压电路效率高、体积小，广泛用于计算机、通信等领域。

④ 三端集成稳压器目前广泛应用于稳压电路中，具有体积小、安装方便、工作可靠等优点。有固定输出和可调输出、正电压输出和负电压输出之分。W78×× 系列为固定输出正电压，W79×× 系列为固定输出负电压，W×17 系列为可调输出正电压，W×37 系列为可调输出负电压，使用时应注意稳压器的端子排列差异。

⑤ 开关型稳压电源因调整管工作在开关状态，功耗小，效率高。

【自测题】

4.1　填空题（每空 1.5 分，共 30 分）

① 直流稳压电源的功能是：＿＿＿＿＿＿＿＿＿＿＿＿＿＿＿＿＿＿。

② 硅稳压二极管的稳压电路中，硅稳压二极管必须与负载电阻＿＿＿＿＿＿。限流电阻不仅有＿＿＿＿＿作用，也有＿＿＿＿＿作用。

③ 串联型稳压电源主要由＿＿＿＿、＿＿＿＿、＿＿＿＿、＿＿＿＿四部分组成。

④ 稳压电源主要是要求在＿＿＿＿＿和＿＿＿＿＿发生变化的情况下，其输出电压基本不变。

⑤ 稳压电源按调整元件与负载 R_L 连接方式可分＿＿＿＿＿型、＿＿＿＿＿型。按调整工作状态不同可分＿＿＿＿＿型、＿＿＿＿＿型。

⑥ 硅稳压管组成的并联型稳压电路的优点是＿＿＿＿＿＿＿＿＿＿＿＿＿＿。

⑦ 硅稳压管稳压电路中，稳压管利用自身特性调节了流过负载的＿＿＿＿＿，限流电阻则与稳压管配合承担了引起输出电压不稳的＿＿＿＿＿变化量，从而保证了稳定的＿＿＿＿＿输出。

⑧ 开关型稳压电路的调整管工作在＿＿＿＿＿状态。电路优点：＿＿＿＿＿。

4.2　选择题（每小题 4 分，共 20 分）

① 若要组成输出电压可调、最大输出电流为 3A 的直流稳压电源，则应采用＿＿＿＿。

    a. 电容滤波稳压管稳压电路　　　　　　b. 电感滤波稳压管稳压电路

    c. 电容滤波串联型稳压电路　　　　　　d. 电感滤波串联型稳压电路

② 串联型稳压电路中的放大环节所放大的对象是＿＿＿＿。

    a. 基准电压　　　　　　　　　　　　　b. 采样电压

    c. 基准电压与采样电压之差　　　　　　d. 都错

③ 集成块 w7812 正常工作时，输出电压是＿＿＿＿。

    a. ＋12V　　　　　　　b. －12V　　　　　　c. ±12V　　　　　　d. 都错

④ 开关型直流电源比线性直流电源效率高的原因是＿＿＿＿。

    a. 调整管工作在开关状态　　　　　　　b. 输出端有 LC 滤波电路

    c. 可以不用电源变压器　　　　　　　　d. 都错

⑤ 在脉宽调制式串联型开关稳压电路中，为使输出电压增大，对调整管基极控制信号的要求是＿＿＿＿。

    a. 周期不变，占空比增大　　　　　　　b. 频率增大，占空比不变

    c. 在一个周期内，高电平时间不变，周期增大

4.3　判断题（每小题 2 分，共 10 分）

① 直流电源是一种能量转换电路，它将交流能量转换为直流能量。（　　　）

② 当输入电压 U_i 和负载电流 I_L 变化时，稳压电路的输出电压是绝对不变的。（　　　）

③ 串联稳压是稳定输出电压，并联稳压能稳定输出电流。（　　　）

④ 由集成稳压电路组成的稳压电源的输出电压是不可调节的。（　　　）

⑤ 开关稳压电源通过调整脉冲的宽度来实现输出电压的稳定。（　　　）

4.4　电路如图 1-48 所示，已知稳压管的稳定电压 $U_Z＝6V$，最小稳定电流 $I_{Zmin}＝5mA$，最大稳定电流 $I_{Zmax}＝25mA$。

① 分别计算 U_i 为 10V、15V、35V 三种情况下输出电压 U_o 的值；

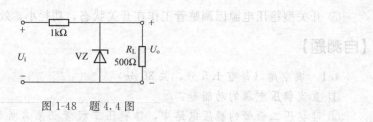

图 1-48 题 4.4 图

② 若 $U_i = 35V$ 时负载开路，则会出现什么现象？为什么？（10 分）

4.5 电路如图 1-49 所示，设 $u_2 = \sqrt{2}U_2\sin\omega t\,V$，试分别画出下列情况下输出电压 u_{AB} 的波形。

① S_1、S_2、S_3 打开，S_4 闭合。

② S_1、S_2 闭合，S_3、S_4 打开。

③ S_1、S_4 闭合，S_2、S_3 打开。

④ S_1、S_2、S_4 闭合，S_3 打开。

⑤ S_1、S_2、S_3、S_4 全部闭合。（20 分）

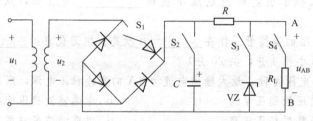

图 1-49 题 4.5 图

4.6 如图 1-50 所示电路中，已知 $U_2 = 20V$，$R_1 = R_3 = 3.3k\Omega$，$R_2 = 5.1k\Omega$，$C = 1000\mu F$，试求输出电压 U_o 的范围。（10 分）

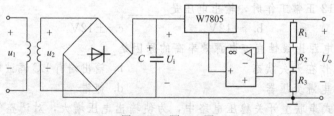

图 1-50 题 4.6 图

【任务 1.5】 直流稳压电源电路的组装、 调试与故障排除

【任务描述】

直流稳压电源电路如图 1-51 所示，技术指标：输出电压 $U_o = +12V$，输出电流 $I_o = 30mA$，电压调整率 $S_r < 1\%$。根据要求设计元器件布局图和印刷板图，对其输出参数进行测试，对其功能进行检测，确保组装质量。

【任务分析】

完成任务的第一步是引导学生掌握变压、整流、滤波、稳压等环节实现的理论知识。能

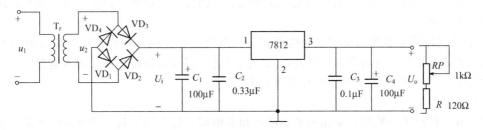

图 1-51　直流稳压电源电路原理图

读懂电路原理图，弄清电路结构、电路每部分的功能。然后，根据电路原理图书写工艺流程、绘制元件布局图等，具备一定的电子焊接技能，会使用万用表、示波器等检测工具与仪器，明白检测要求和方法，才能较好地完成任务。

【知识准备】

1.5.1　工具、材料、器件、仪表准备

1.5.1.1　常用工具准备

常用的工具有电烙铁、镊子、小刀、螺丝刀、试电笔、剪刀、斜嘴钳等。

（1）电烙铁

电烙铁是电子制作和电器维修的必备工具，主要用途是焊接元件及导线。

电烙铁由手柄、烙铁芯、烙铁头、电源线等构成。由在云母或陶瓷绝缘体上缠绕高电阻系数的金属材料构成烙铁芯，为烙铁的发热部分，又称发热器，其作用是将电能转换成热能；烙铁头是电烙铁的储热部分，通常采用密度较大和比热较大的铜或铜合金做成；手柄一般采用木材、胶木或耐高温塑料加工而成。

电烙铁按功能可分为焊接用电烙铁和吸锡用电烙铁，根据用途不同又分为大功率电烙铁和小功率电烙铁，按结构可分为内热式电烙铁和外热式电烙铁。内热式电烙铁的烙铁芯安装在烙铁头的内部，因此，体积小，热效率高，通电几十秒内即可化锡焊接。外热式电烙铁的烙铁头安装在烙铁芯内，故体积比较大，热效率低，通电以后烙铁头化锡时间长达几分钟。从容量上分，电烙铁有 20W、25W、35W、45W、75W、100W 以及 500W 等多种规格。一般使用 25～35W 的内热式电烙铁。电烙铁外形如图 1-52 所示。

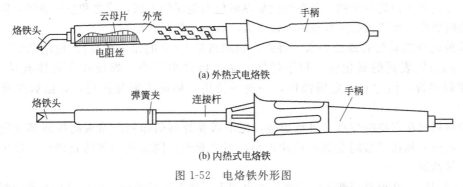

(a) 外热式电烙铁

(b) 内热式电烙铁

图 1-52　电烙铁外形图

烙铁头根据使用需要可以加工成各种形状，如尖锥形、圆斜面等。

电烙铁的使用必须注意以下事项。

① 电烙铁初次使用时，首先应给电烙铁头挂锡，以便今后使用沾锡焊接。挂锡的方法很简单，通电之前，先用砂纸或小刀将烙铁头端面清理干净，通电以后，待烙铁头温度升到

一定程度时，将焊锡放在烙铁头上熔化，使烙铁头端面挂上一层锡。挂锡后的烙铁头，随时都可以用来焊接。

② 电烙铁使用时必须用有三线的电源插头。电烙铁在使用一段时间后，应及时将烙铁头取出，去掉氧化物再重新使用。另外，长时间不进行焊接操作时，最好切断电源，以防烙铁头"烧死"，烧死后，吃锡面应再行清理，上锡。

（2）螺丝刀

螺丝刀又称起子或旋凿，是用来紧固或拆卸带槽螺钉的常用工具。螺丝刀按头部形状的不同，有一字形和十字形两种。

（3）试电笔

试电笔也叫测电笔，简称"电笔"，是一种电工工具，用来测试电线中是否带电。笔体中有一氖泡，测试时如果氖泡发光，说明导线中有电或为通路的火线。试电笔中笔尖、笔尾由金属材料制成，笔杆由绝缘材料制成。使用试电笔时，一定要用手触及试电笔尾端的金属部分，使带电体、试电笔、人体与大地形成回路，试电笔中的氖泡才会发光。否则，会造成误判，认为带电体不带电。

（4）偏口钳

偏口钳是一种钳口设计成带一定角度的剪切钳，主要是用于密集细窄的零件剪切，也可让使用者在特定环境下获得舒适的抓握剪切角度。斜嘴钳广泛用于首饰加工、电子行业制造、模型制作中。

1.5.1.2 材料与器件准备

必备材料与器件应有焊料、焊剂、印刷板、封装面板及合适的电子元器件等。

（1）焊料

常用的焊料是焊锡，焊锡是一种锡铅合金。在锡中加入铅后可获得锡与铅都不具有的优良特性，熔点较低，便于焊接；机械强度增大，表面张力变小，抗氧化能力增强。

市面上出售的焊锡一般都制作成圆焊锡丝，有粗细不同多种规格，可根据实际情况选用。有的焊锡丝做成管状，管内填有松香，称松香焊锡丝，使用这种焊锡丝时，可以不加助焊剂；另一种是无松香的焊锡丝，焊接时要加助焊剂。

（2）焊剂

焊剂包括助焊剂和阻焊剂。助焊剂一般可分为无机助焊剂、有机助焊剂和树脂助焊剂，能溶解去除金属表面的氧化物，并在焊接加热时包围金属的表面，使之和空气隔绝，防止金属在加热时氧化；可降低熔融焊锡的表面张力，有利于焊锡的湿润。

常用的助焊剂是松香或松香水（将松香和酒精按1：3的比例配制）。使用助焊剂，可以帮助清除金属表面的氧化物，利于焊接，又可保护烙铁头。焊接较大元件或导线时，也可采用焊锡膏。但它有一定腐蚀性，一般不使用，如确实需要使用，焊接后应及时清除残留物。

限制焊料只在需要的焊点上进行焊接，把不需要焊接的印制电路板的板面部分覆盖起来，保护面板使其在焊接时受到的热冲击小，不易起泡，同时还起到防止桥接、拉尖、短路、虚焊等情况。

使用焊剂时，必须根据被焊件的面积大小和表面状态适量使用，用量过小则影响焊接质量，用量过多，焊剂残渣将会腐蚀元件或使电路板绝缘性能变差。

（3）器件

7812集成块1个，220V/15V电源变压器1个，整流二极管（IN4007）4个，电阻120Ω1个，1kΩ电位器1个，100μF的电容器2个，0.33μF的电容器1个，0.1μF的电容器1个（以上元器件可根据所选择的电路来确定，如三端集成稳压器，可以是 W7818）。

1.5.1.3　检测仪表准备

（1）万用表

万用表分为指针式和数字式两种，万用表的使用在《电工技术基础》中已作介绍，在本制作过程中主要用于电阻、二极管等元器件好坏与极性判别，以及电路焊接是否通、断的检测等。

（2）晶体管毫伏表

常用的单通道晶体管毫伏表，具有测量交流电压、电平测试、监视输出三大功能。图 1-53 为 WY2294 晶体管毫伏表，交流测量范围是 $30\mu V \sim 100V$、$5Hz \sim 1MHz$，共分 12 挡。电平 dB 刻度范围是 $-90 \sim +42dB$。

图 1-53　WY2294 晶体管毫伏表

晶体管毫伏表一般由输入保护电路、前置放大器、衰减放大器、放大器、表头指示放大电路、整流器、监视输出及电源组成。

输入保护电路用来保护该电路的场效应管。衰减控制器用来控制各挡衰减的接通，使仪器在整个量程均能高精度地工作。整流器是将放大了的交流信号进行整流，整流后的直流电流再送到表头。监视输出功能主要是来检测仪器本身的技术指标是否符合出厂时的要求，同时也可作放大器使用。

晶体管毫伏表面板由表盘及指针、电源开关、电源指示灯、量程挡位开关、输入端、校正调零旋钮构成。晶体管毫伏表的使用如下。

① 使用操作步骤

• 准备工作：第一，机械调零；第二，将通道输入端测试探头上的红、黑色鳄鱼夹短接；第三，将量程开关选最高量程。

• 接通220V电源，按下电源开关，电源指示灯亮，仪器立刻工作。为了保证仪器稳定性，需预热10s后使用，开机后10s内指针无规则摆动属正常。

• 将输入测试探头上的红、黑鳄鱼夹断开后与被测电路并联（红鳄鱼夹接被测电路的正极，黑鳄鱼夹接地），观察表头指针在刻度盘上所指的位置，若指针在起始点位置基本没动，说明被测电路中的电压甚小，且毫伏表量程选得过高，此时用递减法由高量程向低量程变换，直到表头指针指到满刻度的2/3左右即可。

• 准确读数。表头刻度盘上共刻有四条刻度。第一条刻度和第二条刻度为测量交流电压有效值的专用刻度，第三条和第四条为测量分贝值的刻度。逢1就从第一条刻度读数，逢

3 从第二刻度读数。当用该仪表去测量外电路中的电平值时，就从第三、四条刻度读数，读数方法是，量程数加上指针指示值，等于实际测量值。

② 注意事项

● 仪器在通电之前，一定要将输入电缆的红黑鳄鱼夹相互短接。防止仪器在通电时因外界干扰信号通过输入电缆进入电路放大后，再进入表头将表针打弯。

● 当不知被测电路中电压值大小时，必须首先将毫伏表的量程开关置最高量程，然后根据表针所指的范围，采用递减法合理选挡。

● 若要测量高电压，输入端黑色鳄鱼夹必须接在"地"端。

● 使用前应先检查量程旋钮与量程标记是否一致，若错位会产生读数错误。

（3）晶体管示波器

示波器是一种用途十分广泛的电子测量仪器。利用示波器能观察各种不同信号幅度随时间变化的波形曲线，还可以用它测试各种不同的电量，如电压、电流、频率、相位差、调幅度等。示波器根据制造方法或功能特点不同分成好几类，而各类又有许多不同型号，但一般的示波器除频带宽度、输入灵敏度等不完全相同外，在使用方法的基本方面都是相同的。下面以图1-54 YB43020型双踪示波器为例简要介绍，具体可详见产品说明书。

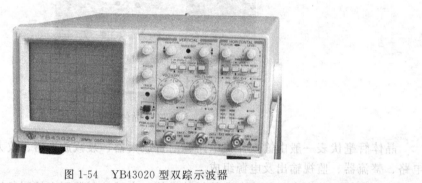

图 1-54　YB43020 型双踪示波器

① 准备工作

● 安全检查。使用前注意工作环境和电源电压应满足技术指标中给定的要求。使用时不要把将本机的散热孔堵塞，防止温度升高影响使用寿命。

● 主机的检查。接通电源，电源指示灯亮。稍等预热，屏幕中出现光迹，分别调节亮度和聚焦旋钮，使光迹的亮度适中、清晰。

● 探头的检查。探头分别接入两 Y 轴输入接口，将 VOLTS/DIV 调到 10mV，探头衰减置×10 挡，屏幕上应显示方波波形，如出现过冲或下蹋现象，可用高频旋钮调节探极补偿元件，使波形最佳。

② 使用方法

● 交流电压的测量。先将 Y 轴输入耦合方式开关置"AC"位置，调节"VOLTS/DIV"开关，使波形在屏幕中的显示幅度适中，调节"电平"旋钮使波形稳定，分别调节 Y 轴和 X 轴位移，使波形显示值方便读取。根据"VOLTS/DIV"的指示值和波形在垂直方向显示坐标（DIV），按下式读取

$$U_{p-p} = U/DIV \times H(DIV)$$

$$U_{有效值} = \frac{U_{p-p}}{2\sqrt{2}}$$

● 直流电压的测量。先将 Y 轴输入耦合方式开关置"GND"位置，调节"Y"轴位移使扫描基线在一个合适的位置上，再将耦合方式开关转换到"DC"位置，调节"电平"使波形同步。

● 时间测量。可按照电压的操作方法，使波形获得稳定后，根据该信号周期或需测量的两点间在水平方向的距离乘以"SEC/DIV"开关的指示值获得，当需要观察该信号的某一细节时，可将"×5 扩展"按键按入，调节 X 轴位移，使波形处于方便观察的位置，此时测得的时间值应除以 5。

● 频率测量。可先测出该信号的周期，再根据公式计算出频率值。

● 相位差的测量。根据两个相关信号的频率，选择合适的扫描速度，并将垂直方式开关根据扫描速度的快慢分别置"交替"或"断续"位置，将"触发源"选择开关置被设定作为测量基准的通道，调节电平使波形稳定同步，根据两个波形在水平方向某两点间的距离，用下式计算出时间差，即

$$时间差 = \frac{水平距离 \times 扫描时间系数}{水平扩展系数}$$

③ 注意事项

● 使用适当的电源线。

● 请勿在无仪器盖板，或有可疑故障时操作。

● 不可将仪器放置在剧烈振动、强磁场及潮湿的地方。

● 不可将金属、导线插入仪器的通风孔。

● 为保证仪器测量精度，仪器每工作 1000h 或 6 个月要求校准一次。

1.5.2　手工电子焊接技术

1.5.2.1　焊接原理

焊接是通过加热的烙铁将固态焊锡丝加热熔化，再借助于助焊剂的作用，使其流入被焊金属之间，待冷却后形成牢固可靠的焊接点。实质上，焊接是指两个或两个以上的零件（同种或异种材料），通过局部加热或加压达到原子间的结合，造成永久性连接的工艺过程。

(a) 反握法　(b) 正握法　(c) 握笔法

图 1-55　电烙铁握法

1.5.2.2　使用电烙铁焊接操作方法

（1）电烙铁的握法

电烙铁握法如图 1-55 所示，有反握法、正握法和握笔法三种，其中反握法适合于大功率电烙铁，正握法适合于中功率电烙铁，握笔法适合于印刷电路板的焊接。

（2）焊接五步操作法

使用电烙铁焊接按以下五个步骤进行操作（简称五步焊接操作法），如图 1-56 所示。

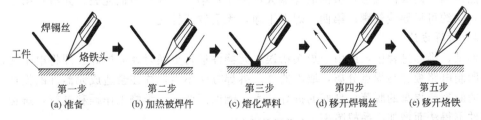

第一步	第二步	第三步	第四步	第五步
(a) 准备	(b) 加热被焊件	(c) 熔化焊料	(d) 移开焊锡丝	(e) 移开烙铁

图 1-56　五步焊接操作法

① 准备：将被焊件、电烙铁、焊锡丝、烙铁架等放置在便于操作的地方。

② 加热被焊件：将烙铁头放置在被焊件的焊接点上，使接点上升温。

③ 熔化焊料：将焊接点加热到一定温度后，用焊锡丝触到焊接处，熔化适量的焊料，持续时间约 2～3s。焊锡丝应从烙铁头的对称侧加入，而不是直接加在烙铁头上。

④ 移开焊锡丝：当焊锡丝适量熔化后，迅速移开焊锡丝。

⑤ 移开烙铁：当焊接点上的焊料接近饱满，助焊剂尚未完全挥发，也就是焊接点上的温度最适当、焊锡最光亮、流动性最强的时刻，迅速拿开烙铁头。移开烙铁头的时机、方向和速度，决定着焊接点的焊接质量。正确的方法是先慢后快，烙铁头沿 45°角方向移动，并在将要离开焊接点时快速往回一带，然后迅速离开焊接点。

对热容量小的焊件，可以用三步焊接法，即焊接准备→加热被焊部位并熔化焊料→撤离烙铁和焊料。

（3）焊接注意事项

焊接前，应将元件的引线截去多余部分后挂锡。若元件表面被氧化不易挂锡，可以使用细砂纸或小刀将引线表面清理干净，用烙铁头蘸适量松香芯焊锡给引线挂锡。如果还不能挂上锡，可将元件引线放在松香块上，再用烙铁头轻轻接触引线，同时转动引线，使引线表面都可以均匀挂锡。每根引线的挂锡时间不宜太长，一般以 2～3s 为宜，以免烫坏元件内部，特别是给二极管、三极管端子挂锡时，最好使用金属镊子夹住引线靠管壳的部分，借以传走一部分热量。另外，各种元件的端子不要截得太短，否则既不利于散热，又不便于焊接。

焊接时，把挂好锡的元件引线置于待焊接位置，如印刷板的焊盘孔中或者各种接头、插座和开关的焊片小孔中，用烙铁头在焊接部位停留 3s 左右，待电烙铁拿走后，焊接处形成一个光滑的焊点。为了保证焊接质量，最好在焊接元件引线的位置事先也挂上锡。焊接时要确保引线位置不变动，否则极易产生虚焊。烙铁头停留的时间不宜过长，过长会烫坏元件，过短会因焊接熔化不充分而造成假焊。

焊接完后，要仔细观察焊点形状和外表。焊点应呈半球状且高度略小于半径，不应该太鼓或者太扁，外表应该光滑均匀，没有明显的气孔或凹陷，否则都容易造成虚焊或者假焊。在一个焊点同时焊接几个元件的引线时，更应该注意焊点的质量。

焊接时手要扶稳。在焊锡凝固过程中不能晃动被焊元器件引线，否则将造成虚焊。

焊点的重焊。当焊点一次焊接不成功或上锡量不够时，便要重新焊接。重新焊接时，必须待上次的焊锡一同熔化并熔为一体时才能把烙铁移开。

焊接后的处理。当焊接结束后，应将焊点周围的焊剂清洗干净，并检查电路有无漏焊、错焊、虚焊等现象。

1.5.2.3　焊点质量检测

标准焊点应该满足以下几点：第一，金属表面焊锡充足，锡将整个上锡位及零件端子包围。焊点圆满，内成内弧形，根部的焊盘大小适中；第二，焊点表面光亮、光滑；第三，焊锡均薄，隐约可见导线轮廓；第四，焊点干净，无裂纹或针孔。

1.5.2.4　拆焊方法

在调试、维修过程中，或由于焊接错误对元器件进行更换时就需拆焊。即将电子元器件端子从印制电路板上与焊点分离，取出器件。拆焊方法不当，往往会造成元器件的损坏、印制导线的断裂或焊盘的脱落。良好的拆焊技术，能保证调试、维修工作顺利进行，避免由于更换器件不得法而增加产品故障率。

一般情况下，普通元器件的拆焊方法有如下几种。

（1）选用合适的医用空心针头拆焊

选择合适的空心针头，以针头的内径能正好套住元器件端子为宜。拆卸时一边用电烙铁熔化端子上的焊点，一边用空心针头套住端子旋转，当针头套进元器件端子将其与电路板分离后，移开电烙铁，等焊锡凝固后拔出针头，这时端子便会和印制电路板完全分开。待元器件各端子按上述办法与印制电路板脱开后，便可轻易拆下。

（2）用铜编织线进行拆焊

用电烙铁将元器件、特别是集成电路端子上的焊点加热熔化，同时用铜编织线吸掉端子处熔化的焊锡，这样便可使元器件（集成电路）的端子和印制电路板分离。待所有端子与印制电路板分离后，便可用"一"字形螺丝刀或专用工具轻轻地撬下元器件（集成电路）。

（3）其他拆焊方法

用气囊吸锡器进行拆焊：同（2）相似，用气囊吸锡器取代铜编织线吸锡。

用吸锡电烙铁拆焊：同（2）相似，只是吸锡与电烙铁合为一体，熔锡时可进行吸锡。

还可以用专用拆焊电烙铁拆焊。

1.5.3　电子元器件布局

1.5.3.1　电子元器件布局设计

电子元器件布局设计是根据选定的电路板尺寸、形状、插孔间距及待组装电路原理图，在电路板上对要组装的元器件分布进行设计，是电子电路组装非常重要的一关。其要点是：第一，要按电路原理图设计；第二，元器件分布要科学，电路连接规范；第三，元器件间距要合适，元器件分布要美观。具体方法和注意事项如下：

① 根据电路原理图找准几条线（元器件端子焊接在一条条直线上，确保元器件分布合理、美观）；

② 电子元器件检测确认后，管脚只能轻拨开，不能随意折弯，容易损坏；

③ 除电阻元件，如二极管、电解电容等要注意端子区分或极性识别。

图 1-51 所示直流稳压电源电路原理图的电子元器件布局如图 1-57 所示。

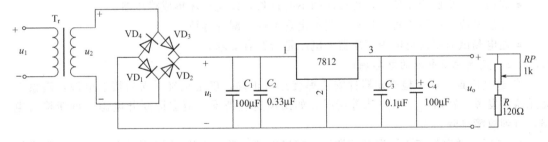

图 1-57　直流稳压电源电路元器件布局图

1.5.3.2　电子元器件检测

在电路板进行电子元器件布局时及安装之前，必须对使用的电子元器件进行识别和检测，避免将已损坏的元器件装入电路，造成电路调试失败。可采用直观法识别元器件的型号和管脚的极性等。如电阻可用色环法，电容器参数标识也有明确规定（具体识读方法详见本书中"知识与技能拓展"部分的"模拟电子电路的设计与制作的基本知识"中关于电阻器和电容器的介绍）。电解电容的长脚为正，标加粗线侧为负。当然，可以采用万用表测试，如电阻的阻值、二极管的管脚极性与好坏的判别等。本任务实施过程必须进行以下检测：

① 电源变压器的检测。用万用表检查初级、次级电阻（此项目中使用的是降压变压器，

初级电阻大，次级电阻小），看初、次级有无短接。接通电源看输出电压是否正常，如输出电压波动范围超过±10％，应更换变压器。

② 桥式整流器的检测。用万用表的电阻挡检查桥式整流器，区分管脚（根据二极管单向导电性区分，用数字万用表红表笔置于整流器"＋"位置，黑表笔置于相邻的上下管脚，都应是正向导通；而红表笔置于整流器"－"位置，黑表笔置于相邻的上下管脚，都应是反向截止）及判别好坏，如有损坏应及时更换。

③ 常规元器件的检测。对于电阻、电容、电位器等常规元件，首先清点元件的数量和标称值。可以用万用表来进行检测。

④ W7812 的检测。用万用表的电阻挡，分别测量输入端和调整端、输出端与调整端之间的电阻，如电阻值很小或接近于 0，则说明 W7812 已经损坏。

1.5.4　直流稳压电源电路的组装与调试

1.5.4.1　直流稳压电源电路的焊接、组装

① 按照自先设计的元件布局图依次安装元件，焊接端子固定并剪脚。

② 安装顺序是先小元件后大元件，先次要元件，后主要元件，一些容易受静电损伤的半导体器件要最后安装；最后才来连通走线。

③ 注意事项

● 走线的连接虽然可以使用跨接方式，但为了方便今后正式产品的 PCB 布板要求，应尽量少用跨接或非规范的跳线。长距离的走线应注意分段焊接固定，间距较小、容易碰线的走线宜使用绝缘导线，如漆包线、塑皮硬线等，线径应根据电流大小确定，如果没有电流要求，一般选用 0.5mm 左右线径。

● 焊接操作规范，不能损伤元器件。对接的元件接线最好先绞和后再上锡。

● 电容安装时应注意极性，避免安反。

● 插好元器件后，焊接时先焊接一边的管脚，让元器件不会掉，然后再把元器件压实，焊接要尽量贴近电路板，这样会更美观。

● 焊接三端集成稳压器时，焊接时间不要过长，以免损坏集成稳压器。

● 焊接完成后应检查每个焊点，避免出现虚焊、漏焊等情况。

● 通电测试时要注意电源变压器的电压是否符合要求。

1.5.4.2　直流稳压电源的电路调试

① 通电检查　逐个检查元器件安装焊接是否正确，确定正确无误后接上电源，观察有无元器件发烫、冒烟、发出焦味等情况。如出项这些情况，应立即断开电源，重新检查电路，直到故障排除。

② 调试　通电检查无误后开始调试。接通电源，调节 RP，用万用表检查输出电源和输出电流。如电压基本不变，电流有明显变化，说明电路工作正常。如电压变化明显，说明电路出现故障。这时应检查电路，找出故障并排除。

也可以采用示波器观察输入端信号波形与整流后、滤波后、稳压后各点输出波形比较，分析电路组装效果，如果没有达到相应要求，逐一检测电路，排除故障后，再进行相应调试后再检测。

1.5.5　直流稳压电源电路的参数测试

（1）输出电流调节范围测试

把调试好的电路接到 220V 的交流电上，调节 RP，记录最大输出电流 $I_{o(max)}$ 和最小输出电流 $I_{o(min)}$；调节 RP，使输出电流 $I_o=30mA$ 时，记录 RP 值和 R_L 值，并进行误差分析，检查电路是否符合制作要求。

（2）输出电压测试

接通 220V 的交流电，调节 RP，测量输出电压 U_o；将 220V 交流电波动 $\pm10\%$，测量输出电压值，观察集成稳压器工作是否正常。

（3）电压调整率的测试

调整 RP，使输出电流 $I_o=30\text{mA}$，然后固定 RP。将电网电压波动 $\pm10\%$，记录最大输出电压 $U_{o(max)}$ 和最小输出电压 $U_{o(min)}$，根据电压调整率的公式计算稳压电源的实际电压调整率，检查是否符合直流稳压电源的技术指标。

1.5.6　直流稳压电源电路的故障排除

发现直流稳压电源故障后，先检查各元器件是否出现虚焊或短路等现象。确认电路焊接等无误后，对故障进行分析，弄清可能是哪部分电路或哪个元器件出现问题，可采取测试元器件两端电压或电阻的方法确认元器件本身是否存在故障。

如果出现直流输出电压不正常，首先检查整流滤波电压是否正常，不正常说明整流滤波电路有故障。然后测稳压器输入电压是否正常，稳压器输出电压是否正常（断开负载），如不正常故障可能在稳压器。最后测负载电压和电流，如数据过大或过小，检查 C_3、C_4 和负载。

【小结】

① 直流稳压电源电路的识图和分析。能看懂电路的组成，能说出电路中主要元器件如集成稳压器、电阻、电容器的作用。

② 直流稳压电源的制作工艺。分类清理好选用元器件，准备好组装用的材料和工具，无论是采用面包板，还是 PCB 板，都应按照电路布局依次组装元件，易损元件最后安装。

③ 直流稳压电源的基本参数及测试方法。

熟悉万用表、示波器、交流毫伏表等仪器仪表的使用；二极管的测量；电路的基本测试方法，其中主要掌握输出电压与电流的测试方法。

④ 直流稳压电源故障排除技巧。首先排除各元器件出现虚焊或短路等现象的故障，然后对故障进行分析，可采取测试元器件两端电压或电阻的方法确认元器件本身是否存在故障，对输出电压不正常等故障采取参照原理图寻找故障点的方法排除。

【自我评估】

（1）评价方式

① 小组内自我评价：由小组长组织组员对直流稳压电源的组装、制作完成过程与作品进行评价，每个组员必须陈述自己在任务完成过程中所做贡献或起的作用、体会与收获，并递交不少于 500 字的书面报告。小组长根据组员自我评价及作品完成过程中实际工作情况给组员评分。

② 小组互评和教师评价

通过小组作品展示、陈述汇报及平时的过程考核，对小组进行评分。

③ 小组得分＝小组自我评价（30%）＋互评（30%）＋教师评价（40%）

小组内组员得分＝小组得分－（小组内自评得分排名名次－1）

（2）评价内容及标准

如表 1-7。

表 1-7 评价内容及标准

分项	评价内容	权重/%	得分
学习态度(30%)	出满勤(缺勤扣 6 分/次,迟到、早退 3 分/次)	30	
	积极主动完成制作任务,态度好	30	
	提交 500 字的书面报告,报告语句通顺,描述正确	20	
	团结协作精神好	20	
电路安装与调试(60%)	熟练说出直流稳压电源电路工作原理	10	
	会判断元器件好坏	10	
	电路元器件安装正确、美观	30	
	会对电路进行调试,并能分析小故障出现的原因	30	
	制作电路能实现输出两种波形信号的功能	20	
完成报告(10%)	小组完成的报告规范,内容正确,2000 字以上	30	
	字迹工整,汇报 PPT 课件图文并茂	30	
	陈述思路清晰,小组协同配合好	40	

【成果展示】

① 产品制作、调试完成以后,要求每小组派代表对所完成的作品进行展示,显现组装、制作的直流稳压电源功能;

② 呈交不少于 1000 字的小组任务完成报告,内容包括直流稳压电源电路图及工作原理分析、直流稳压电源的组装、制作工艺及过程、功能实现情况、收获与体会几个方面;

③ 进行作品展示时要制作 PPT 汇报,PPT 课件要美观、条理清晰;

④ 汇报要思路清晰、表达清楚流利,可以小组成员协同完成。

【思考与练习】

5.1 电路如图 1-58 所示,取整流电路输入电压 $u_2 = 15V$。试计算:

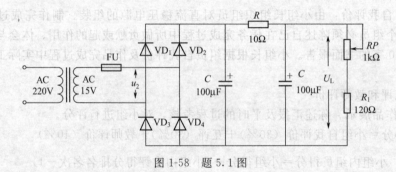

图 1-58 题 5.1 图

① 断开 R,计算整流滤波后的电压。

② 计算输出电压 U_L,电流变化范围是多少?

5.2　按图 1-58 连接电路，取整流电路输入电压 $u_2 = 15\text{V}$。

① 测量输出端直流电压 U_L，用示波器观察 u_2 及 U_L 的波形。把数据及波形记录入自拟表格中。

② 调节 RP，测量输出电流 I_o 并记录。

③ 将理论数据与实测数据进行比较，并分析原因。

项目 2 音频放大器电路的组装、调试与故障排除

进入 21 世纪以后，从作为通信工具的手机，到作为娱乐设备的 MP3、MP4 播放器，已经成为差不多人人具备的便携式电子设备。陆续将要普及的还有便携式电脑。所有这些便携式的电子设备的一个共同点，就是都有音频输出，也就是都需要有一个音频放大器；音频放大器的目的是在产生声音的输出元件上重建输入的音频信号，信号音量和功率级都要理想——如实、有效且失真低。音频范围为 20Hz～20kHz，因此，放大器在此范围内必须有良好的频率响应。根据应用的不同，功率大小差异很大，从耳机的毫瓦级到 TV 或 PC 音频的数瓦级，再到"迷你"家庭立体声和汽车音响的几十瓦，直到功率更大的家用和商用音响系统的数百瓦以上，大到能满足整个电影院或礼堂的声音要求。

【学习目标】

学生在教师的指导下完成任务一和任务二的学习之后，弄清半导体三极管的特点及其典型运用，基本放大电路的分析和参数估算，学会制作简单的音频放大器，并能进行参数测试和故障排除。具体要求如下。

知识目标：熟悉三极管器件的命名、分类；了解三极管、场效应管器件的功能及基本放大电路的工作原理；熟悉基本放大电路的分析方法、静态和动态参数的估算公式。

技能目标：会测试三极管器件的功能及参数；会安装基本放大电路和测试电路的性能指标；会判断和处理基本放大电路的常见故障；会操作常用电子仪器和相关工具；会查阅电子元器件手册。

态度目标：培养学生严谨的工作作风和认真的学习态度，培养学生自主学习能力、技术应用能力、团结协作能力和技术创新能力。

【任务 2.1】三极管的认识与测试

【任务描述】

给定学生 3DG6A、3AX23、9012 等三极管元件各一只，场效应管型三极管一只，要求用万用表检测三极管的型号与端子及相关特性，学会借助资料查阅三极管的型号及主要参数。

【任务分析】

在具备半导体的基本知识、PN 结的形成及 PN 结的特性、二极管的结构与特性等知识基础上，再去熟悉半导体三极管的结构、工作原理、特性曲线及主要参数，才能理解和掌握用万用表检测、识别三极管的型号与端子的方法。

【知识准备】

2.1.1 半导体三极管

半导体三极管是由两个 PN 结、三个杂质半导体区域组成的，因杂质半导体有 P、N 型两种，所以三极管的组成形式有 NPN 型和 PNP 型两种。结构和符号如图 2-1 所示。

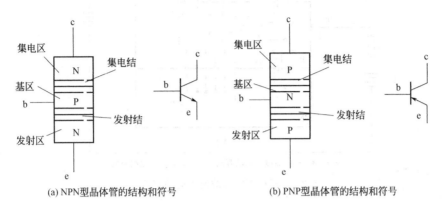

(a) NPN型晶体管的结构和符号　　　　　　(b) PNP型晶体管的结构和符号

图 2-1　晶体管结构示意图和符号

2.1.1.1 三极管的结构及类型

不管是 NPN 型还是 PNP 型三极管，都有三个区：基区、发射区、集电区，以及分别从这三个区引出的电极：发射极 e、基极 b 和集电极 c；两个 PN 结分别为发射区与基区之间的发射结和集电区与基区之间的集电结。

三极管基区很薄，一般仅有 $1\mu m$ 至几十微米厚，发射区浓度很高，集电结截面积大于发射结截面积。

注意，PNP 型和 NPN 型三极管表示符号的区别是发射极的箭头方向不同，这个箭头方向表示发射结加正向偏置时的电流方向。使用中要注意电源的极性，确保发射结永远加正向偏置电压，三极管才能正常工作。

三极管根据基片的材料不同，分为锗管和硅管两大类，目前国内生产的硅管多为 NPN 型（3D 系列），锗管多为 PNP 型（3A 系列）；从频率特性分，可分为高频管和低频管；从功率大小分，可分为大功率管、中功率管和小功率管等。实际应用中采用 NPN 型三极管较多，所以，下面以 NPN 型三极管为例加以讨论，所得结论对于 PNP 三极管同样适用。

2.1.1.2 三极管电流分配和放大作用

（1）三极管内部载流子的运动规律

三极管电流之间为什么具有这样的关系呢？这可以通过在三极管内部载流子的运动规律来解释。

① 发射区向基区发射电子　由图 2-2 可知，电源 U_{BB} 经过电阻 R_b 加在发射结上，发射结正偏，发射区的多数载流子——自由电子不断地越过发射结而进入基区，形成发射极电流 I_E。同时，基区多数载流子也向发射区扩散，但由于基区很薄，可以不考虑这个电流。因此，可以认为三极管发射结电流主要是电子流。

② 基区中的电子进行扩散与复合　电子进入基区后，先在靠近发射结的附近密集，渐渐形成电子浓度差，在浓度差的作用下，促使电子流在基区中向集电结扩散，被集电结电场拉入集电区，形成集电结电流 I_C。也有很小一部分电子与基区的空穴复合，形成复合电子流。扩散的电子流与复合电子流的比例决定了三极管的放大能力。

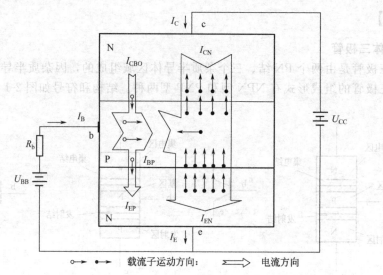

载流子运动方向: ⊶ ⊷   电流方向: ⟹

图 2-2　三极管内部载流子运动规律

③ 集电区收集电子　由于集电结外加反向电压很大，这个反向电压产生的电场力将阻止集电区电子向基区扩散，同时将扩散到集电结附近的电子拉入集电区而形成集电结主电流 I_{CN}。

另外集电区的少数载流子——空穴也会产生漂移运动，流向基区，形成反向饱和电流 I_{CBO}，其数值很小，但对温度却非常敏感。

（2）三极管的电流放大作用

从前面的分析知道，从发射区发射到基区的电子（形成 I_E），只有很小一部分在基区复合（形成 I_{BN}），大部分到达集电区（形成 I_{CN}）。当一个三极管制造出来，其内部的电流分配关系，即 I_{CN} 和 I_{BN} 的比值已大致被确定，这个比值称为共发射极直流电流放大系数 $\bar{\beta}$，其表达式为

$$\bar{\beta} = I_{CN}/I_{BN} \tag{2-1}$$

由于
$$I_C = I_{CN} + I_{CBO}$$
$$I_B = I_{BN} - I_{CBO}$$

故有
$$I_C = \bar{\beta}I_B + (1+\bar{\beta})I_{CBO} \tag{2-2}$$

当 I_{CBO} 可以忽略时，式(2-2)可简化为

$$I_C \approx \bar{\beta}I_B \tag{2-3}$$

如果把集电极电流的变化量与基极电流的变化量之比定义为三极管的共发射极交流电流放大系数 β，其表达式为

$$\beta = \Delta I_C / \Delta I_B$$

在小信号放大电路中，由于 β 和 $\bar{\beta}$ 差别很小，因此在分析估算放大电路时常取 $\beta = \bar{\beta}$ 而不加区分（本书以后不再区分）。

通常 $\beta = 20 \sim 200$，利用基极回路的小电流 I_B 实现对集电极电流 I_C 的控制，这就是三极管的电流放大作用。当输入电压变化时，会引起输入电流（基极电流 I_B）的变化，在输出回路将引起集电极电流 I_C 的较大变化，该变化电流在集电极负载电阻 R_C 上将产生较大的电压输出。这样，三极管的电流放大作用就转化为放大电路的电压放大作用。

2.1.1.3　三极管的特性曲线

三极管各级电压和电流之间的关系曲线，称为伏安特性曲线。它反映了管子的性能，是分析

放大电路和合理选用三极管的重要依据，图 2-3 是测试三极管共射极接法特性的电路图。

（1）共射输入特性

图 2-4 给出了某三极管的输入特性。下面分两种情况进行讨论。

① 当 $U_{CE}＝O$ 时的输入特性（图 2-4 中曲线①）　当 $U_{CE}＝0$ 时，相当于集电极和发射极间短路，三极管等效成两个二极管并联，其特性类似于二极管的正向特性。

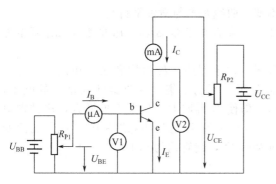

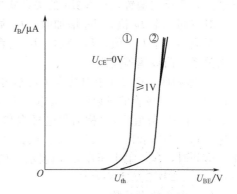

图 2-3　三极管共射极的测试电路　　　　图 2-4　三极管的输入特性

② 当 $U_{CE}≥1$ 时的输入特性（图 2-4 中曲线②）　当 $U_{CE}≥1$ 时，输入特性曲线右移（相对于 $U_{CE}＝0$ 时的曲线），表明对应同一个 U_{BE} 值，I_B 减小了，或者说，要保持 I_B 不变，U_{BE} 需增加。这是因为集电结加反向电压，使得扩散到基区的载流子绝大部分被集电结吸引过去而形成集电极电流 I_C，只有少部分在基区复合，形成基极电流 I_B，所以 I_B 减小而使曲线右移。

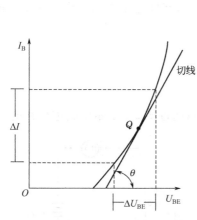

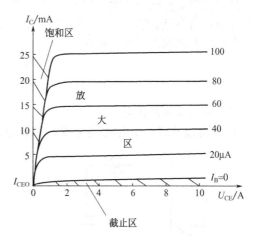

图 2-5　从输入特性曲线上求 r_{be}　　　　图 2-6　三极管输出特性曲线

对应输入特性曲线某点（例如图 2-5 的 Q 点）切线斜率的倒数，称为三极管共射极接法（Q 点处）的交流输入电阻，记作 r_{be}，即

$$r_{be}=\frac{1}{\tan\theta}≈\frac{\Delta U_{BE}}{\Delta I_B}$$

（2）输出特性曲线

输出特性曲线是指当三极管基极电流 I_B 为常数时，集电极电流 I_C 与集电极、发射极间电压 U_{CE} 之间的关系，即 $I_C=f(U_{CE})|_{I_B=常数}$，在图 2-3 中，先调节 R_{P1} 为一定值，例如 $I_B=40\mu A$，然后调节 R_{P2} 使 U_{CE} 由零开始逐渐增大，就可作出 $I_B=40\mu A$ 时的输出特性。同样做法，把 I_B 调到 $0\mu A$，$40\mu A$，$60\mu A$，…，就可以得一组输出特性曲线，如图 2-6 所示。

① 截止区　图 2-6 中 $I_B=0$ 曲线以下部分称为截止区。对 NPN 型三极管而言，当 $u_{BE}<0.5V$，三极管截止。但为了可靠截止，通常取 $u_{BE}\leqslant 0$，这样，在截止区，三极管的发射结和集电结均处于反向偏置。在截止区，$I_B=0$ 时的集电极电流称为穿透电流 I_{CEO}。硅管的 I_{CEO} 一般很小，通常小于 $1\mu A$；锗管的 I_{CEO} 则比硅管的略大，为几十至几百微安。

② 放大区　输出特性曲线近于水平的部分是放大区。在放大区，发射结处于正向偏置，集电结处于反向偏置，$I_C\approx\beta I_B$ 的关系式成立，三极管具有电流放大作用。

对应同一个 I_B 值，U_{CE} 增加时，I_C 基本不变（曲线基本与横轴平行）。

对应同一个 U_{CE} 值，I_B 增加，I_C 显著增加，并且 I_C 的变量 ΔI_C 与 I_B 的变量 ΔI_B 基本为正比关系（曲线簇等间距）。

③ 饱和区　图 2-6 中对应于 U_{CE} 较小的区域（位于左边）称为饱和区。在该区，由于 $U_{CE}<U_{BE}$，三极管的发射结和集电结处于正向偏置，不利于集电区收集注入基区的电子，当 I_C 达到一定数值 I_{CS}（称为集电极饱和电流），即使 I_B 再增大，I_C 也不再增大，这种现象称为饱和。在饱和区，三极管失去放大作用，集电极电流 I_C 达到 I_{CS} 之后基本不随 I_B 而变化。饱和时，集—射电压用 U_{CES} 表示，硅管约为 0.3V，锗管约为 0.1V。

2.1.1.4　三极管的主要参数

（1）电流放大系数 β

动态（交流）电流放大系数 β：当集电极电压 U_{CE} 为定值时，集电极电流变化量 ΔI_C 与基极电流变化量 ΔI_B 之比，即

$$\beta=\frac{\Delta I_C}{\Delta I_B}$$

静态（直流）电流放大系数 $\overline{\beta}$：三极管为共发射极接法，在集电极-发射极电压 U_{CE} 一定的条件下，由基极直流电流 I_B 所引起的集电极直流电流与基极电流之比，称为共发射极静态（直流）电流放大系数，记作

$$\overline{\beta}=\frac{I_C-I_{CEO}}{I_B}\approx\frac{I_C}{I_B}$$

（2）极间反向截止电流

① 发射极开路　集电极-基极反向截止电流 I_{CBO} 可以通过图 2-7 所示电路进行测量。

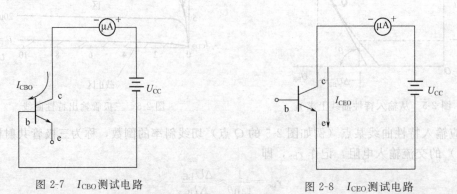

图 2-7　I_{CBO} 测试电路　　　　　　　　图 2-8　I_{CEO} 测试电路

② 基极开路　集电极-发射极反向截止电流 I_{CEO} 是当三极管基极开路而集电结反偏和发射结正偏时的集电极电流，测试电路如图 2-8 所示。

③ 极限参数　集电极最大允许电流 I_{CM}：当 I_C 超过一定数值时 β 下降，β 下降到正常值的 2/3 时所对应的 I_C 值为 I_{CM}，当 $I_C>I_{CM}$ 时，可导致三极管损坏。

反向击穿电压 $U_{(BR)CEO}$：基极开路时，集电极、发射极之间最大允许电压为反向击穿电

压 $U_{(BR)CEO}$，当 $U_{CE} > U_{(BR)CEO}$ 时，三极管的 I_C、I_E 剧增，使三极管击穿。为可靠工作，使用中取

$$U_{CE} \leqslant \left(\frac{1}{2} \sim \frac{2}{3}\right) U_{(BR)CEO}$$

根据给定的 P_{CM} 值可以作出一条 P_{CM} 曲线如图 2-9 所示，由 P_{CM}、I_{CM} 和 $U_{(BR)CEO}$ 包围的区域为三极管安全工作区。

示例 1　在图 2-3 所示电路中，若选用 3DG6D 型号的三极管。

①电源电压 U_{CC} 最大不得超过多少伏？②根据 $I_C \leqslant I_{CM}$ 的要求，R_{P2} 电阻最小不得小于多少千欧姆？

解答参考　查表，3DG6D 参数是：$I_{CM} = 20\text{mA}$，$U_{(BR)CEO} = 30\text{V}$，$P_{CM} = 100\text{mW}$。

① $U_{CC} = \dfrac{2}{3} U_{(BR)CEO} = \dfrac{2}{3} \times 30 = 20\text{V}$

② $U_{CE} = U_{CC} - I_C R_{P2}$

$$I_C = \frac{U_{CC} - U_{CE}}{R_{P2}} \approx \frac{U_{CC}}{R_{P2}}$$

其中，U_{CE} 最低一般为 0.5V，故可略。由 $I_C < I_{CM}$，所以 $\dfrac{U_{CC}}{R_{P2}} < I_{CM}$，故

$$R_{P2} > \frac{U_{CC}}{I_{CM}} = \frac{20}{20} = 1\text{k}\Omega$$

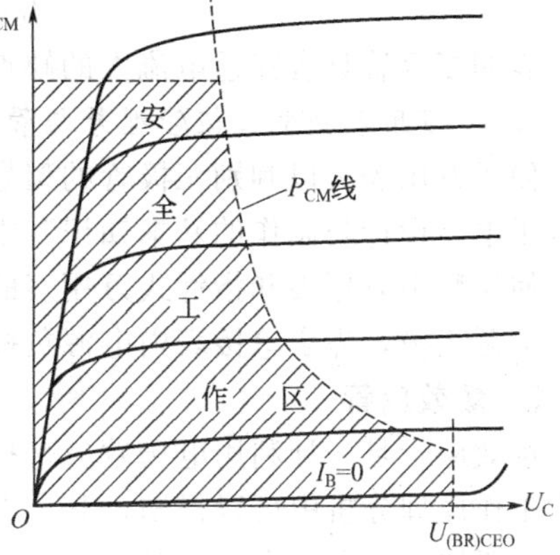

图 2-9　三极管安全工作区

2.1.1.5　复合三极管

复合三极管是把两个三极管的端子适当地连接起来使之等效为一个三极管，典型结构如图 2-10 所示。

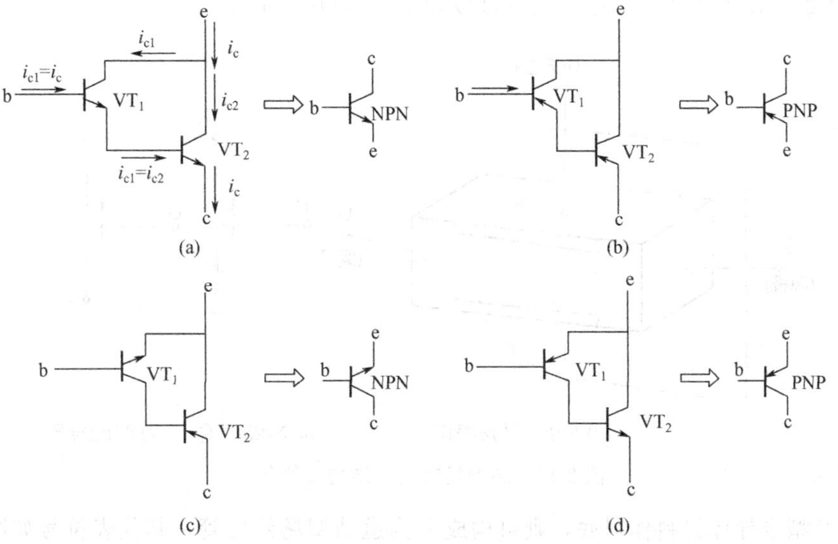

图 2-10　复合三极管

以图 2-10（a）为例分析。

$$i_c = i_{c1} + i_{c2} = \beta_1 i_{b1} + \beta_2 i_{b2} = \beta_1 i_{b1} + \beta_2 (1+\beta_1) i_{b1}$$
$$= \beta_1 i_{b1} + \beta_2 i_{b1} + \beta_1 \beta_2 i_{b1} \approx \beta_1 \beta_2 i_{b1}$$

即

$$\beta = \frac{i_c}{i_{b1}} = \beta_1 \beta_2$$

说明复合管的电流放大系数 β 近似等于两个管子电流放大系数的乘积。同时有

$$I_{CEO} = I_{CEO2} + \beta_2 I_{CEO1}$$

表明复合管具有穿透电流大的缺点。

2.1.1.6 万用表判别三极管型号与管脚

使用万用表可以判别三极管的型号与管脚。具体方法见书中"知识与技能拓展"的"模拟电子电路设计与制作的基本知识"中半导体器件"三极管的检测"内容，但要注意的是实际中使用数字万用表和指针式万用表的区别是红、黑表笔刚好相反。数字万用表的红表笔接表内电源正极，黑表笔接表内电源负极。

2.1.2 场效应管

场效应管是一种利用电场效应来控制电流的单极型半导体器件，即是电压控制元件。从下述工作原理分析中可以得知，其中 PN 结导通时是多数载流子移动形成电流，它的输出电流决定于输入电压的大小，基本上不需要信号源提供电流，所以它的输入电阻高，且温度稳定性好。场效应管按结构不同可分为结型和绝缘栅型场效应管，按工作状态可分为增强型和耗尽型，每类中又有 N 沟道和 P 沟道之分。

2.1.2.1 结型场效应管

（1）结构及符号

结型场效应管也是具有 PN 结的半导体器件，图 2-11（a）绘出了 N 沟道结型场效应管的结构（平面）示意图。它是一块 N 型半导体材料作衬底，在其两侧作出两个杂质浓度很高的 P＋型区，形成两个 PN 结。从两边的 P 型区引出两个电极并联在一起，成为栅极（G）；在 N 型衬底材料的两端各引出一个电极，分别称为漏极（D）和源极（S）。两个 PN 结中间的 N 型区域称为导电沟道，它是漏、源极之间电子流通的途径。这种结构的管子被称为 N 型沟道结型场效应管，它的代表符号如图 2-11（b）所示。

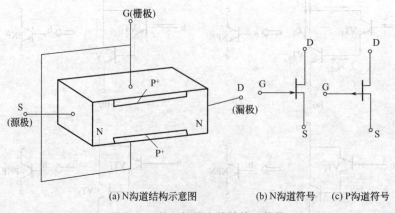

(a) N沟道结构示意图　　　(b) N沟道符号　(c) P沟道符号

图 2-11　结型场效应管结构及符号

如果用 P 型半导体材料作衬底，则可构成 P 沟道结型场效应管，其代表符号如图 2-11（c）所示。N 沟道和 P 沟道结型场效应管符号上的区别，在于栅极的箭头方向不同，但都要由 P 区指向 N 区。

（2）基本工作原理

上述两种结构的结型场效应管工作原理完全相同，下面以 N 型沟道结型场效应管为例进行分析。研究场效应管的工作原理，主要是讲输入电压对输出电流的控制作用。在图 2-12 中，绘出了当漏源电压 $U_{DS}=0$ 时，栅源电压 U_{GS} 大小对导电沟道影响的示意图。

① 当 $U_{GS}=0$ 时，PN 结的耗尽层如图 2-12(a) 中阴影部分所示。耗尽层只占 N 型半导体体积的很小一部分，导电沟道比较宽，沟道电阻较小。

② 当在栅极和源极之间加上一个可变直流负电源 U_{GG} 时，此时栅源电压 U_{GS} 为负值，两个 PN 结都处于反向偏置，耗尽层加宽，导电沟道变窄，沟道电阻加大，如图 2-12(b) 所示。而且栅源电压 U_{GS} 越负，导电沟道越窄，沟道电阻越大。

③ 当栅源电压 U_{GS} 负到某一值时，两边的耗尽层近于碰上，仿佛沟道被夹断，沟道电阻趋于无穷大，如图 2-12(c) 所示。此时的栅源电压称为栅源截止电压（或夹断电压），并用 $U_{GS(off)}$ 表示。

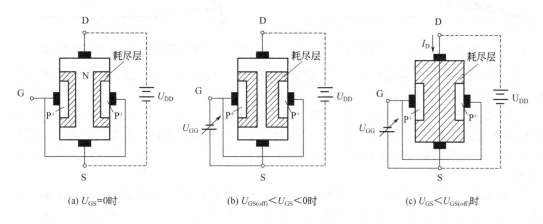

(a) $U_{GS}=0$时　　　　　　(b) $U_{GS(off)}<U_{GS}<0$时　　　　　　(c) $U_{GS}<U_{GS(off)}$时

图 2-12　$U_{DS}\approx 0$ 时，栅源电压 U_{GS} 大小对导电沟道的影响

由以上的分析可知，改变栅源电压 U_{GS} 的大小，就能改变导电沟道的宽窄，也就能改变沟道电阻的大小。如果在漏极和源极之间接入一个适当大小的正电源 U_{DD}，则 N 型导电沟道中的多数载流子（电子）便从源极通过导电沟道向漏极作漂移运动，从而形成漏极电流 I_D。

显然，在漏源电压 U_{DS} 一定时，I_D 的大小是由导电沟道的宽窄（即电阻的大小）决定的，当 $U_{GS}=U_{GS(off)}$ 时，$I_D\approx 0$。于是得出结论：栅源电压 U_{GS} 对漏极电流 I_D 有控制作用。这种利用电压所产生的电场控制半导体中电流的效应，称为"场效应"。场效应管因此得名。

$$I_D=f(U_{GS})|_{U_{DS}=常数}$$

图 2-13 给出了某 N 沟道结型场效应管的转移特性。从图中可以看出 U_{GS} 对 I_D 的控制作用。$U_{GS}=0$ 时的 I_D，称为栅源短路时漏极电流，记为 I_{DSS}。使 $I_D\approx 0$ 时的栅源电压就是栅源截止电压 $U_{GS(off)}$。

从图中还可看出，对应不同的 U_{DS}，转移特性不同。但是，当 U_{DS} 大于一定数值后，不同的 U_{DS}，转移特性是很靠近的，这时可以认为转移特性重合为一条曲线，使分析得到简化。此外，图 2-13 中的转移特性，可以用一个近似公式来表示：

$$I_D\approx I_{DSS}\left(1-\frac{U_{GS}}{U_{GS(off)}}\right)\qquad 0\geqslant U_{GS}\geqslant U_{GS(off)}$$

这样，只要给出 I_{DSS} 和 $U_{GS(off)}$，就可以把转移特性中其他点估算出来。

（3）输出特性曲线　输出特性曲线（也叫漏极特性）是指在栅源电压 U_{GS} 一定时，漏极电流 I_D 与漏源电压 U_{DS} 之间关系。函数表示为

$$I_D = f(U_{DS})\,|\,U_{GS=常数}$$

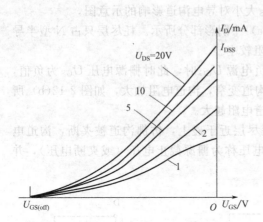

图 2-13　N 沟道结型场效应管的转移特性

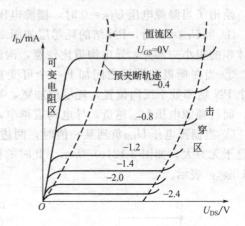

图 2-14　N 沟道结型场效应管的输出特性

图 2-14 给出了某 N 沟道结型场效应管的输出特性。从图中可以看出，管子的工作状态可分为可变电阻区、恒流区和击穿区这三个区域。

①可变电阻区　特性曲线上升的部分称为可变电阻区。在此区内，U_{DS} 较小，I_D 随 U_{DS} 的增加而近于直线上升，管子的工作状态相当于一个电阻，而且这个电阻的大小又随栅源电压 U_{GS} 的大小变化而变（不同 U_{GS} 的输出特性的切斜率不同），所以把这个区域称为可变电阻区。

②恒流区　曲线近于水平的部分称为恒流区（又称饱和区）。在此区内，U_{DS} 增加，I_D 基本不变（对应同一 U_{GS}），管子的工作状态相当于一个"恒流源"，所以把这部分区域称为恒流区。

在恒流区内，I_D 随 U_{GS} 的大小而改变，曲线的间隔反映出 U_{GS} 对 I_D 的控制能力。从这种意义来讲，恒流区又可称为线性放大区。场效应管作放大运用时，一般就工作在这个区域。恒流区产生的物理原因，是由于漏源电压 U_{DS} 在 N 沟道的纵向产生电位梯度，使得从漏极至源极沟道的不同位置上，沟道-栅极间的电压不相等，靠近漏端最大，耗尽层也最宽，而靠近源端的耗尽层最窄。这样，在 U_{GS} 和 U_{DS} 的共同作用下，导电沟道呈楔形，如图 2-15 所示。

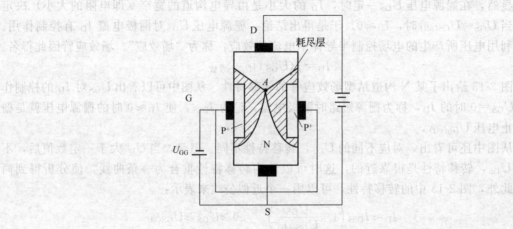

图 2-15　U_{DS} 对沟道的影响

2.1.2.2　绝缘栅场效应管

（1）N 沟道增强型绝缘栅场效应管的结构

N 沟道增强型绝缘栅场效应管的结构如图 2-16(a) 所示。它的制作过程是：以一块杂质浓度较低的 P 型硅半导体薄片作衬底，利用扩散方法在上面形成两个高掺杂的 N＋区，并在 N＋区上安置两个电极，分别称为源极（S）和漏极（D）；然后在半导体表面覆盖一层很薄的二氧化硅绝缘层，并在二氧化硅表面再安置一个金属电极，称为栅极（G）；栅极同源极、漏极均无电接触，故称"绝缘栅极"。

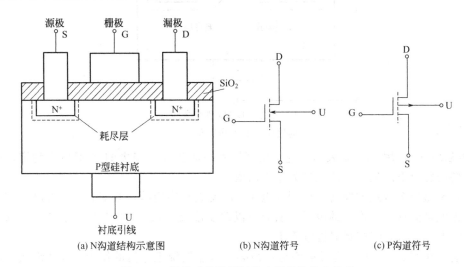

(a) N沟道结构示意图　　　　(b) N沟道符号　　　　(c) P沟道符号

图 2-16　增强型绝缘栅场效应管的结构和符号

由于这种管子是由金属、氧化物和半导体所组成，所以又称为金属氧化物半导体场效应管，简称 MOS 场效应管。它是目前应用最广的一种。根据栅极（金属）和半导体之间绝缘材料的不同，绝缘栅场效应管有各种类型，例如以氮化硅作绝缘层的 MNS 管，以氧化铅作绝缘层的 MAIS 管等。

如果以 N 型硅作衬底，可制成 P 沟道增强型绝缘栅场效应管。N 沟道和 P 沟道增强型绝缘栅场效应管的符号分别如图 2-16(b) 和（c）所示，它们的区别是衬底的箭头方向不同。

（2）N 沟道增强型绝缘栅场效应管的工作原理

在图 2-16(a) 中，如果将栅、源极短路，即 $u_{GS}＝0$，漏源之间加正向电压 u_{DS}，此时漏极与源极之间形成两个反向连接的 PN 结，其中一个 PN 结是反偏的，故漏极电流为零。

如果在栅、源极间加上一个正电源 U_{GG}，并将衬底与源极相连，如图 2-17 所示。此时，栅极（金属）和衬底（P 型硅片）相当于以二氧化硅为介质的平板电容器，在正栅源电压 U_{GS}（即栅-衬底电压 U_{GU}）的作用下，介质中便产生一个垂直于 P 型衬底表面的由栅极指向衬底的电场，从而将衬底里的电子感应到表面上来。当 U_{GS} 较小时，感应到衬底表面上的电子数很少，并被衬底表层的大量空穴复合掉；直至 U_{GS} 增加超过某一临界电压时，介质中的强电场才在衬底表面层感应出"过剩"的电子。

于是，便在 P 型衬底的表面形成一个 N 型层——称为反型层。这个反型层与漏、源的 N＋区之间没有 PN 结阻挡层，而具有良好的接触，相当于将漏、源极连在一起，如图 2-17 所示。若此时加上漏源电压 U_{DS}，就会产生 I_D。形成反型层的临界电压，称为栅源阈电压

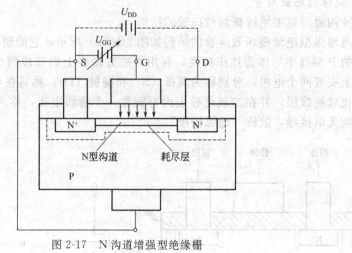

图 2-17　N 沟道增强型绝缘栅
场效应管的工作原理

（或称为开启电压），用 $U_{GS(th)}$ 表示。这个反型层就构成源极和漏极的 N 型导电沟道，由于它是在电场的感应下产生的，故也称为感生沟道。

显然，N 型导电沟道的厚薄是由栅源电压 U_{GS} 的大小决定的。改变 U_{GS}，可以改变沟道的厚薄，也就是能够改变沟道的电阻，从而可以改变漏极电流 I_D 的大小。于是，可以得出结论：栅源电压 U_{GS} 能够控制漏极电流 I_D。

上述这种在 $U_{GS}=0$ 时没有导电沟道，而必须依靠栅源正电压的作用，才能形成导电沟道的场效应管，称为增强型场效应管。

N 沟道增强型绝缘栅场效应管的特性曲线（示意图）如图 2-18 所示。图 2-18（a）的转移特性是在 U_{DS} 为某一固定值的条件下测出的，当 $U_{GS}<U_{GS(th)}$ 时，$I_D=0$；当 $U_{GS}\geqslant U_{GS(th)}$ 时，导电沟道形成，并且 I_D 随 U_{GS} 的增大而增大。图 2-18（b）为输出特性，同结型场效应管的情况类似。

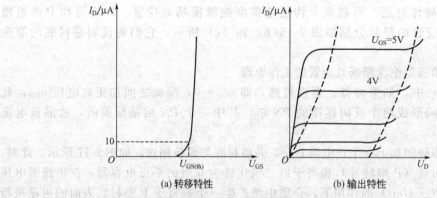

(a) 转移特性　　　　　　(b) 输出特性

图 2-18　N 沟道增强型绝缘栅场效应管的特性曲线

（3）N 沟道耗尽型绝缘栅场效应管的工作原理

N 沟道耗尽型绝缘栅场效应管的结构和增强型基本相同，只是在制作这种管子时，预先在二氧化硅绝缘层中掺有大量的正离子。

这样，即使在 $U_{GS}=0$ 时，由于正离子的作用，也能在 P 型衬底表面形成导电沟道，将源区和漏区连接起来，如图 2-19 所示。当漏、源极之间加上正电压 U_{DS} 时，就会有较大的

漏极电流 I_D。如果 U_{GS} 为负，介质中的电场被削弱，使 N 型沟道中感应的负电荷减少，沟道变薄（电阻增大），因而 I_D 减小。这同结型场效应管相似，故称为"耗尽型"。所不同的是，N 沟道耗尽型绝缘栅场效应管可在 $U_{GS}>0$ 的情况下工作，此时在 N 型沟道中感应出更多的负电荷，使 I_D 更大。不论栅源电压为正还是为负都能起控制 I_D 大小的作用，而又基本无栅流，这是这种管子的一个重要特点。

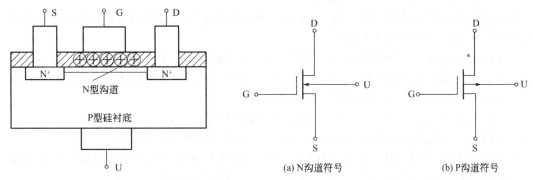

图 2-19　N 沟道耗尽型绝缘栅
场效应管的结构示意图

图 2-20　耗尽型绝缘栅场效应管符号

耗尽型绝缘栅场效应管的符号如图 2-20 所示。图（a）为 N 沟道耗尽型绝缘栅场效应管的符号，图（b）为 P 沟道耗尽型绝缘栅场效应管的符号。二者的区别只是衬底 U 的箭头方向不同。

N 沟道耗尽型绝缘栅场效应管的特性曲线如图 2-21 所示。

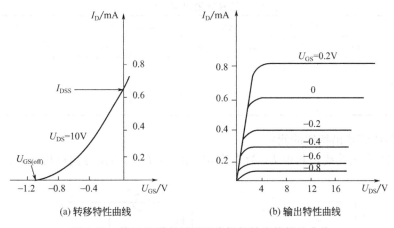

(a) 转移特性曲线　　　　　　(b) 输出特性曲线

图 2-21　某 N 沟道耗尽型绝缘栅场效应管特性曲线

2.1.2.3　场效应管的主要参数

① 开启电压 $U_{GS(th)}$ 或夹断电压 $U_{GS(off)}$　当 U_{DS} 为定值的条件下，增强型场效应管开始导通，使 I_D 为某一微小电流（如 $1\mu A$、$10\mu A$）所需的 U_{GS} 值，称为开启电压 $U_{GS(th)}$。

当漏源电压 U_{DS} 为某固定值时，使耗尽型管子的漏极 I_D 等于零所需施加的栅源电压 U_{GS} 的值，即为夹断电压 $U_{GS(off)}$。

② 低频跨导 g_m　U_{DS} 为定值时，漏极电流 I_D 的变化量 ΔI_D 与引起这个变化的栅源电压 U_{GS} 的变化量 ΔU_{GS} 的比值，即

$$g_m = \frac{\Delta I_D}{\Delta U_{GS}}\Big|_{U_{DS}=常数}$$

③ 漏源击穿电压 $U_{(BR)DS}$ 管子发生击穿，I_D 急剧上升时的 U_{DS} 值；使用时 $U_{DS} < U_{(BR)DS}$。

④ 最大耗散功率 P_{DM} 类似于半导体三极管的 P_{CM}，是决定管子温升的参数。使用时，管耗功率 P_D 不能超过 P_{DM}，否则会烧坏管子。

⑤ 最大漏极电流 I_{DM} 管子工作时，I_D 不允许超过这个值。

2.1.2.4 场效应管与晶体三极管的比较

从前面介绍可知，场效应管和晶体三极管都可以作为起放大作用的元器件使用。场效应管与晶体三极管的比较具有以下特点。

① 场效应管是电压控制器件，而三极管是电流控制器件，只允许从信号源取较少电流的情况下，应选用场效应管；而在信号电压较低，又允许从信号源取较多电流的条件下，应选用晶体管三极管。但都可获得较大的电压放大倍数。

② 场效应管温度稳定性好，晶体三极管受温度影响较大。

③ 场效应管制造工艺简单，便于集成化，适合制造大规模集成电路。

④ 场效应管存放时，各个电极要短接在一起，防止外界静电感应电压过高时击穿绝缘层使其损坏。焊接时电烙铁应有良好的接地线，防止感应电压对管子的损坏。

【任务实施】

学生分组查阅资料，完成下列测试任务，做好报告。

（1）查阅资料，识读三极管的型号

借助资料，查找 3DG6A、9012、3AX23 型三极管的主要参数，并记录填入表 2-1。

表 2-1 三极管的识别与检测

型号	B、E 间阻值		B、C 间阻值		C、E 间阻值		判断三极管的管型、材料及好坏
	正向	反向	正向	反向	正向	反向	
3DG6A							
9012							
3AX23							

（2）双极晶体管输出特性的测定

① 按图 2-22 完成接线，其中 E_B 为直流 3V 电源，E_C 为直流可调稳压电源。

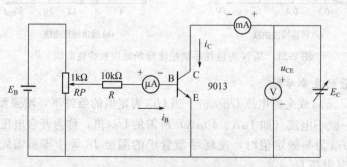

图 2-22 三极管输出特性测试电路

② 调节 RP，改变输入电压，使基极电流为 20μA（并保持不变），然后调节直流可调稳压电源 E_C，使它的输出电压（即 u_{CE}）分别为表 2-2 中的值，记录下对应的集电极电流 i_C，然后再调节 RP，使 i_B 分别为表中的值，重复上述过程。

表 2-2　三极管输出特性

i_C/mA \ u_{CE}/V / $i_B/\mu\text{A}$	0	0.20	0.50	1.0	5.0	10
0						
20						
40						
80						
120						

【小结】

① 半导体三极管是具有放大作用的半导体器件，双极型晶体管工作时有空穴和自由电子两种载流子参与导电。

② 晶体管是由两个 PN 结组成的三端器件，有 NPN 型和 PNP 型两类，根据材料不同又有硅管和锗管之分。因偏置条件不同，晶体管有放大、截止、饱和等工作状态。

③ 利用晶体管的放大特性可以构成电压放大电路，其作用是不失真的放大电压信号。晶体管工作在放大区的基本条件为：发射结正偏，集电结反偏。当晶体管分别工作在截止和饱和状态时，常称之为晶体管的开关工作状态。晶体管的输入输出伏安特性曲线均为非线性曲线，因此，晶体管是非线性电子元件。

④ 场效应管是利用栅漏电压改变导电沟道的宽窄来实现对漏极电流控制的，由于输入电流极小，故称为电压控制型器件，而晶体管则称为电流控制型器件。与晶体管相比，场效应管具有输入阻抗高、噪声低、热稳定性好、抗辐射能力强等优点。而且特别适宜大规模集成。场效应管分为结型和绝缘栅型两种类型，每种类型均分为两种不同的沟道：N 沟道和 P 沟道，而 MOS 管又分为增强型和耗尽型两种形式。和晶体管类似，场效应管有夹断区（即截止区）、恒流区（即线性区）和可变电阻区三个工作区域。

【自测题】

1.1　填空题（每空 2 分，共 40 分）

① 晶体管从结构上可以分成_____和_____两种类型，它工作时有____种载流子参与导电。

② 每个晶体管都由_____、_____和_____三个不同的导电区域构成，对应三个区域引出三个电极，分别称为_____、_____和_____。

③ 晶体管三个电极中任选其中一个电极为公共电极时，可组成三种不同的四端网络，分别称为_____、_____、_____。

④ 晶体管的输出特性曲线通常分为三个区域，分别是_____、_____和截止区。

⑤ 场效应管从结构上可分为两大类：_____、_____；根据导电沟道的不同又分为_____、_____两类；对于 MOSFET，根据栅源电压为零时是否存在导电沟道，又可分为两种：_____、_____。

1.2　选择题（每题 4 分，共 20 分）

① 晶体三极管的主要参数 I_{CEO} 的定义是＿＿＿＿＿＿＿。

  a. 集电极-发射极反向电流　　　　　b. 集电极-基极反向饱和电流

  c. 集电极最大允许电流　　　　　　d. 集电极-发射极正向导通电流

② 晶体三极管 β 值反映（　　）能力的参数。

  a. 电压控制电压　　b. 电流控制电流　　c. 电压控制电流　　d. 电流控制电压

③ 某 NPN 型晶体管，测得 $U_B = 3V$，$U_E = 2.3V$，$U_C = 2.6V$，则可知管子工作于＿＿＿＿＿状态。

  a. 放大　　　　　　b. 饱和　　　　　　c. 截止　　　　　　d. 不能确定

④ 某晶体管工作在放大区，如果基极电流从 $25\mu A$ 变化到 $35\mu A$ 时，集电极电流从 3mA 变为 4mA，则交流电流放大系数 β 约为＿＿＿＿＿＿。

  a. 83　　　　　　　b. 91　　　　　　　c. 100

⑤ 当 $U_{GS} = 0$ 时，＿＿＿＿＿＿管不可能工作在恒流区。

  a. JEFT　　　　　b. 增强型 MOS 管　　c. 耗尽型 MOS 管　　d. NMOS 管

1.3　判断题（每小题 2 分，共 10 分）

① 晶体三极管处于放大状态的基本条件是集电极和发射极均正偏。（　　）

② 三极管的输出特性是描述 I_B 与 U_{CE} 之间的关系。（　　）

③ 晶体管是非线性电子元件。（　　）

④ 场效应管是电压控制型器件。（　　）

⑤ 与晶体管相比，场效应管具有输入阻抗高、噪声低、热稳定性好、抗辐射能力强等优点。（　　）

1.4　题图 2-23 中各管均为硅管，试判断其工作状态。（10 分）

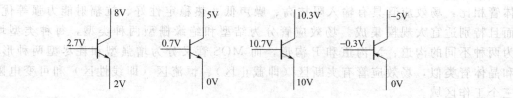

图 2-23　题 1.4 图

1.5　如图 2-24 所示电路中，晶体管输出特性曲线如图 2-24(b) 所示，令 $U_{BEQ} = 0$，若 R_B 分别为 300kΩ、150kΩ，试用图解法求电路中的 I_C、U_{CE}。（10 分）

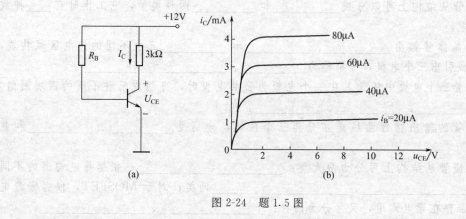

图 2-24　题 1.5 图

1.6　场效应管的符号如图 2-25 所示，试指出各场效应管的类型，并定性画出各管的转移特性曲线。（10 分）

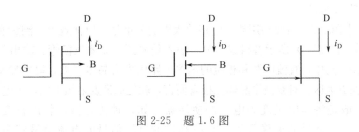

图 2-25　题 1.6 图

【任务 2.2】基本放大电路的认知

【任务描述】

如图 2-26 所示是一音频放大器的电路，说出其主要组成部分以及各元件的作用。

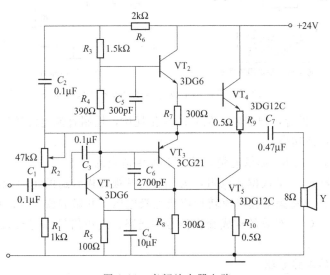

图 2-26　音频放大器电路

【任务分析】

扩音机把话筒转成的微弱电信号进行小信号放大和功率放大，最后驱动扬声器发出较大的声音。电路中起放大作用的核心元件是三极管。用来对电信号放大的电路称为放大电路，习惯上称为放大器，它是使用最为广泛的电子电路之一，也是构成其它电子电路的基本单元电路。根据用途以及采用的有源放大器件的不同，放大电路的种类很多，它们的电路形式以及性能指标不完全相同，但它们的基本工作原理是相同的。"放大"是指在输入信号的作用下，利用有源器件的控制作用将直流电源提供的部分能量转换为与输入信号成比例的输出信号。因此，放大电路实际是一个受输入信号控制的能量转换器。

【知识准备】

2.2.1 基本放大电路的组成及工作原理

2.2.1.1 放大电路的组成

在生产实践和科学研究中需要利用放大电路放大微弱的信号，以便观察、测量和利用。一个基本放大电路必须有如图 2-27(a) 所示各组成部分：输入信号源、晶体三极管、输出负载以及直流电源和相应的偏置电路。其中，直流电源和相应的偏置电路用来为晶体三极管提供静态工作点，以保证晶体三极管工作在放大区。对双极型晶体三极管而言，就是保证发射结正偏，集电结反偏。

输入信号源一般是将非电量变为电量的换能器，如各种传感器，将声音变换为电信号的话筒，将图像变换为电信号的摄像管等。它所提供的电压信号或电流信号就是基本放大电路的输入信号。

图 2-27(b) 是最简单的共发射极组态放大器的电路原理图。下面先介绍各部件的作用。

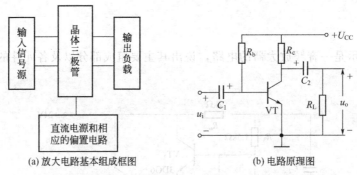

(a) 放大电路基本组成框图   (b) 电路原理图

图 2-27 放大电路基本组成与共发射极基本放大电路

① 晶体管 VT 三极管，根据输入信号的变化规律，控制直流电源所给出的电流，使在 R_L 上获得较大的电压或功率。

② 直流电源 U_{CC} 向 R_L 提供能量；给 VT 提供适当的偏置。

③ 基极偏流电阻 R_b 基极偏置电阻，为三极管基极提供合适的正向偏流。

④ 集电极电阻 R_c 将集电极电流转换成集电极电压，并影响放大器的电压放大倍数。

⑤ 耦合电容 C_1、C_2 有效的构成交流信号的通路；避免信号源与放大器之间直流信号的相互影响。

2.2.1.2 放大电路的工作原理

在图 2-27(b) 所示基本放大电路中，只要适当选取 R_b、R_c 和 U_{CC} 的值，三极管就能够工作在放大区。下面以它为例，分析放大电路的工作原理。

(1) 无输入信号时放大器的工作情况

在图 2-27(b) 所示的基本放大电路中，在接通直流电源 U_{CC} 后，当 $u_i = 0$ 时，由于基极偏流电阻 R_b 的作用，晶体管基极就有正向偏流 I_B 流过，由于晶体管的电流放大作用，那么集电极电流 $I_C = \beta I_B$，集电极电流在集电极电阻 R_c 上形成的压降为 $U_C = I_C R_c$。

显然，晶体管集电极-发射极间的管压降为 $U_{CE} = U_{CC} - I_C R_c$。当 $u_i = 0$ 时，放大电路处于静态或叫处于直流工作状态，这时的基极电流 I_B、集电极电流 I_C 和集电极发射极电压 U_{CE} 用 I_{BQ}、I_{CQ}、U_{CEQ} 表示。它们在三极管特性曲线上所确定的点就称为静态工作点，其习惯上用 Q 表示。这些电压和电流值都是在无信号输入时的数值，所以叫静态电压和静态电流。

(2) 输入交流信号时的工作情况

当在放大器的输入端加入正弦交流信号电压 u_i 时，信号电压 u_i 将和静态正偏压 U_{BE} 相串连作用于晶体管发射结上，加在发射结上电压的瞬时值为

$$u_{BE} = U_{BE} + u_i \tag{2-4}$$

如果选择适当的静态电压值和静态电流值，输入信号电压的幅值又限制在一定范围之内，则在信号的整个周期内，发射结上的电压均能处于输入特性曲线的直线部分，如图 2-28(a) 所示，此时基极电流的瞬时值将随 u_{BE} 变化，如图 2-28(b) 所示。

基极电流 i_B 由两部分组成，一个是固定不变的静态基极电流 I_B；一个是作正弦变化的交流基极电流 i_b。

$$i_B = I_B + i_b \tag{2-5}$$

由于晶体管的电流放大作用，集电极电流 i_C 将随基极电流 i_B 变化，如图 2-28(c) 所示。同样，i_C 也由两部分组成：一个是固定不变的静态集电极电流 I_C；一个是作正弦变化的交流集电极电流 i_c。其瞬时值为

$$i_C = I_C + i_c \tag{2-6}$$

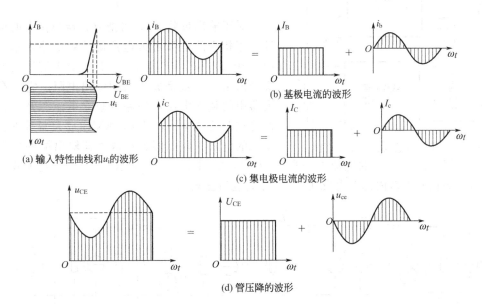

图 2-28　放大器各级电压电流波形

现在讨论集电极电阻 R_c 上的电压降 u_{R_c}。因为 $u_{R_c} = i_C R_c$，所以它要随 i_C 变化。由于 $U_{CC} = i_C R_c + u_{CE}$，$u_{CE}$ 也由两部分组成：一个是固定不变的静态管压降 U_{CE}，另一个是作正弦变化的交流集电极-发射极电压 u_{ce}。

如果负载电阻 R_L 通过耦合电容 C_2 接到晶体管的集电极-发射极之间，则由于电容 C_2 的隔直作用，负载电阻 R_L 上就不会出现直流电压。但对交流信号 u_{ce}，很容易通过隔直电容 C_2 加到负载电阻 R_L 上，形成输出电压 u_o。如果电容 C_2 的容量足够大，则对交流信号的容抗很小，忽略其上的压降，则管压降的交流成分就是负载上的输出电压，因此有

$$u_o = u_{ce} \tag{2-7}$$

把输出电压 u_o 和输入信号电压 u_i 进行对比，可以得到如下结论。

① 输出电压的波形和输入信号电压的波形相同，只是输出电压幅度比输入电压大。

② 输出电压与输入信号电压相位差为 $180°$。

通过以上分析可知，放大电路工作原理实质是用微弱的信号电压 u_i 通过三极管的控制作用去控制三极管集电极电流 i_C，i_C 在 R_L 上形成压降作为输出电压。i_C 是直流电源 U_{CC} 提

供的。因此，三极管的输出功率实际上是利用三极管的控制作用，直流电能转化成交流电能的功率。

2.2.1.3 放大电路的主要性能指标

分析放大器的性能时，必须了解放大器有哪些性能指标。各种小信号放大器都可以用图 2-29 所示的组成框图表示，图中 U_S 代表输入信号电压源的等效电动势，r_s 代表内阻。也可用电流源等效电路。U_i 和 I_i 分别为放大器输入信号电压和电流的有效值，R_L 为负载电阻，U_o 和 I_o 分别为放大器输出信号电压和电流的有效值。衡量放大器性能的指标很多，现介绍输入、输出电阻、增益、频率失真和非线性失真等基本指标。

（1）输入、输出电阻

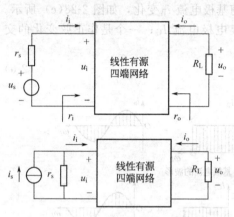

图 2-29 小信号放大器的组成框图

对于输入信号源，可把放大器当作它的负载，用 r_i 表示，称为放大器的输入电阻。其定义的放大器输入端信号电压对电流的比值，即

$$r_i = \frac{U_i}{I_i} \qquad (2-8)$$

对于输出负载 R_L，可把放大器当作它的信号源，用相应的电压源或电流源等效电路表示，如图 2-30（a）和（b）所示。r_o 是等效电流源或电压源的内阻，也就是放大器的输出电阻。它是在放大器中的独立电压源短路或独立电流源开路、保留受控源的情况下，从 R_L 两端向放大器看进去所呈现的电阻。因此假如在放大器输出端外加信号电压 U，计算出由 U 产生的电流 I，则 $r_o = U/I$，如图 2-30（c）所示。r_o、r_i 只是等效意义上的电阻。如在放大器内部有电抗元件，r_o、r_i 应为复数值。

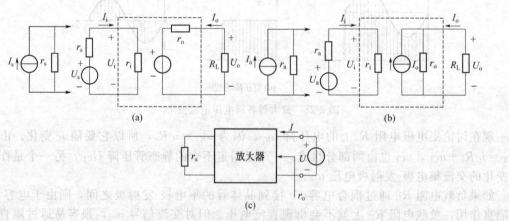

(a)　　　　　　　　　　　(b)

(c)

图 2-30　放大器的输入电阻和输出电阻

（2）增益

增益又称为放大倍数，用来衡量放大器放大信号的能力。有电压增益、电流增益等。

① 电压增益　电压增益用 A_u 表示，定义为放大器输出信号电压与输入信号电压的比值。即

$$A_u = \frac{u_o}{u_i} \qquad (2-9)$$

源电压增益

$$U_i = U_s \frac{r_i}{r_s + r_i}$$

即

$$A_{us} = \frac{u_o}{u_s} = A_u \frac{r_i}{r_s + r_i} \tag{2-10}$$

② 电流增益　同样，电流增益 A_i 和源电流增益 A_{is} 分别定义为

$$A_i = \frac{i_o}{i_i}, \quad A_{is} = \frac{i_o}{i_s}$$

又

$$i_i = i_s \frac{r_s}{r_s + r_i}$$

$$A_{is} = A_i \frac{r_s}{r_s + r_i}$$

（3）频率失真

因放大电路一般含有电抗元件，所以对于不同频率的输入信号，放大器具有不同的放大能力。相应的增益是频率的复函数。即

$$A = A(j\omega) = A(\omega) e^{j\varphi_A(\omega)} \tag{2-11}$$

式中，$A(\omega)$ 是增益的幅值，$\varphi_A(\omega)$ 是增益的相角，都是频率的函数。将幅值随 ω 变化的特性称为放大器的幅频特性，其相应的曲线称为幅频特性曲线；相角随 ω 变化的特性称为放大器的相频特性，其相应的曲线称为相频特性曲线。它们分别如图 2-31(a) 和 (b) 所示。

在工程上，一个实际输入信号包含许多频率分量，放大器不能对所有频率分量进行等增益放大，那么合成的输出信号波形就与输入信号不同。这种波形失真称为放大器的频率失真。要把这种失真限制在允许值范围内，则放大器频率响应曲线中平坦部分的带宽应大于输入信号的频率宽度。

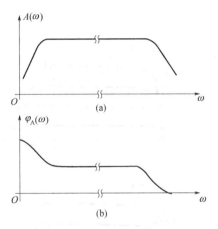

图 2-31　放大器的频率响应曲线

2.2.2　放大电路分析方法

前面对放大电路进行了定性分析，下面将介绍对放大电路进行定量分析计算的方法。对一个放大电路进行定量分析，不外乎做两方面工作：第一，确定静态工作点；第二，计算放大电路在有信号输入时的放大倍数、输入阻抗、输出阻抗等。常用的分析方法有两种：图解法和微变等效电路法。在分析放大电路时，为了简便起见，往往把直流分量和交流分量分开处理，这就需要分别画出它们的直流通路和交流通路。分析静态时用直流通路，分析动态时用交流通路。

在画直流通路和交流通路时，应遵循下列原则：

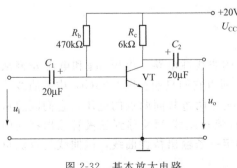

图 2-32　基本放大电路

① 对直流通路，电感可视为短路，电容可视为开路；

② 对交流通路，若直流电源内阻很小，则其上交流压降很小，可把它看成短路；若电容在交流通过时，交流压降很小，可把它看成短路。

2.2.2.1　图解法

在三极管特性曲线上，用作图的方法来分析放大电路的工作情况，称为图解法。其优点是直观，物理意义清晰明了。

（1）作直流负载线确定静态工作点

① 直流负载线作法　下面把图 2-32 的基本放大电路输出回路的直流通路，画成如图 2-33（a）所示，用 AB 把它分为两部分。右边是线性电路，端电压 u_{CE} 和电流 i_C 必然遵从电源的输出特性，满足

$$u_{CE} = U_{CC} - i_C R_C$$

$$i_C = \frac{U_{CC}}{R_C} - \frac{u_{CE}}{R_C}$$

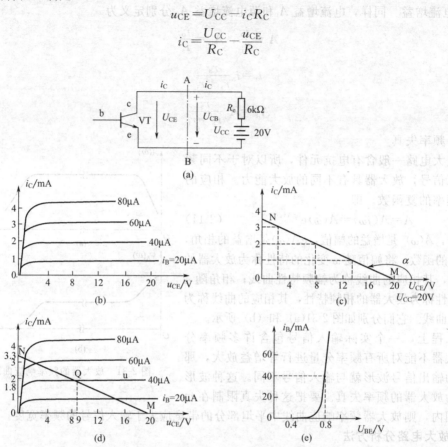

图 2-33　基本放大电路的静态图解分析

若在 u_{CE} 和 i_C 的平面中，显然上式代表的是一条直线方程，在 U_{CC} 选定后，这条直线就完全由直流负载电阻 R_C 确定，所以把这条线叫做直流负载线。它代表了外电路的电流和电压之间的关系。

直流负载线的作法，一般是先找两个特殊点：当 $i_C = 0$ 时，$u_{CE} = U_{CC}$（M 点）；当 $u_{CE} = 0$ 时，$i_C = \dfrac{U_{CC}}{R_C}$（N 点），将 MN 连起来，就得到如图 2-33（c）中直线 MN，也就是放大电路直流负载线。直流负载线的斜率

$$k = \tan a = -\frac{1}{R_C}$$

② 确定静态工作点　图 2-33（a）左边是三极管的非线性电路，电压 u_{CE} 和电流 i_C 遵从三极管的输出特性曲线。在静态时，i_B 为不变的值，所以它们只能在图 2-33（b）中的曲线族的某一条曲线上变化。i_C 是两边同一支路的电流，u_{CE} 是两边共同两点的电压，它们既遵从直流负载线又遵从一条输出特性曲线，所以可以把直流负载线 MN 移到三极管输出特性曲线上去，这样得到了图 2-33（d），剩下的工作就是确定一条输出特性曲线，该曲线与直流负载线的交点，就是静态工作点。

当已知静态电压 U_{BE} 时，可以从输入特性曲线图 2-33(e) 中找到静态电流 I_B，根据 I_B 便确定了输出特性曲线为图 2-33(d) 中的某一条，该曲线与 MN 的交点 Q 就是静态工作点，Q 所对应的静态值 I_{BQ}、I_{CQ} 和 U_{CEQ} 也就求出来了。

但 u_{BE} 一般不容易得到确定的值，因此求 I_{BQ} 一般不用图解法，而用近似公式

$$I_{BQ} = \frac{U_{CC} - U_{BEQ}}{R_b} \tag{2-12}$$

进行计算。

示例 2　求图 2-32 电路的静态工作点，在输出特性曲线图中作直流负载线 MN。

M 点：$U_M = 20\text{V}$

N 点：$I_N = \dfrac{U_{CC}}{R_C} = \dfrac{20}{6} = 3.3\text{mA}$

静态偏流

$$I_{BQ} = \frac{U_{CC} - U_{BE}}{R_b} = \frac{20 - 0.7}{470} \approx 0.04\text{mA} = 40\mu A$$

如图 2-33(d) 所示，$i_B = 40\mu A$ 的输出特性曲线与直流负载线 MN 交于 Q (9, 1.8)，Q 即为静态工作点，静态值为

$$\begin{cases} I_{BQ} = 40\mu A \\ I_{CQ} = 1.8\text{mA} \\ U_{CEQ} = 9\text{V} \end{cases}$$

③ 直流负载线与空载放大倍数　放大电路的输入端接有交流小信号电压，而输出端开路情况称为空载放大电路，虽然电压和电流增加了交流成分，但输出回路仍与静态的直流通路完全一样，仍满足

$$i_C = \frac{U_{CC}}{R_C} - \frac{U_{CE}}{R_C}$$

所以可用直流负载线来分析空载的电压放大倍数。

设图 2-32 中输入信号电压

$$u_i = 0.02\sin\omega t \text{ (V)}$$

忽略电容 C_1 对交流的压降，则有

$$u_{BE} = U_{BEQ} + u_i$$

由图 2-34 的输入特性曲线得如图 2-34(a) 所示基极电流 i_B，

$$i_B = I_{BQ} + i_b = 40 + 20\sin\omega t \text{ (}\mu A\text{)}$$

根据 i_B 的变化情况，在图 2-34(b) 中进行分析，可知工作点是在以 Q 为中心的 Q_1、Q_2 两点之间变化，u_i 的正半周在 QQ_1 段，负半周在 QQ_2 段。

因此画出 i_C 和 u_{CE} 的变化曲线如图 2-34(b) 所示，它们的表达式为

$$i_C = 1.8 + 0.7\sin\omega t \text{ (mA)}$$

$$u_{CE} = 9 - 4.3\sin\omega t \text{ (V)}$$

输出电压

$$u_o = -4.3\sin\omega t = 4.3\sin(\omega t + \pi)\text{V}$$

电压放大倍数

$$A_u = \frac{u_o}{u_i} = \frac{-4.3\sin\omega t}{0.02\sin\omega t} = -215$$

从图中可以看出，输出电压与输入电压是反相的。

(2) 作交流负载线和动态分析

前面分析了静态和空载的情况，而实际放大电路工作时都处于动态，并接有一定的直接负载

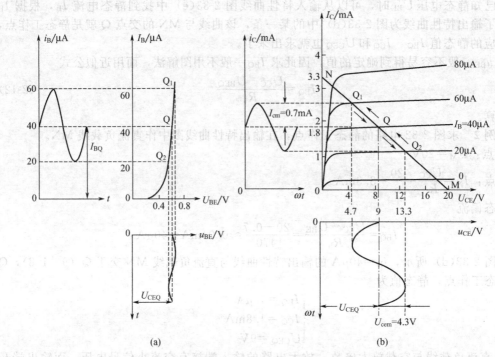

图 2-34 空载图解动态分析

或间接负载，负载以各种形式出现，但都可等效为一个负载电阻 R_L，如图 2-35(a) 所示。

在图 2-35(a) 中，因为 U_{CC} 保持恒定，对交流信号压降为零，所以从输入端看，R_b 与发射结并联，从集电极看 R_C 与 R_L 并联，因此放大电路的交流通路可画成如图 2-35(b) 所示的电路，图中交流负载电阻

$$R_L' = R_L /\!/ R_C = \frac{R_C R_L}{R_C + R_L}$$

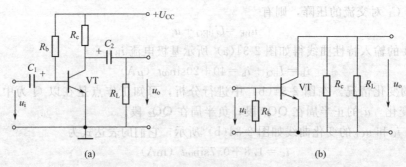

图 2-35 基本放大电路及其交流通路

因为电容 C_2 的隔直流作用，所以 R_L 对直流无影响，为了便于理解，先用上面的方法作出直流负载线 MN，设工作点为 Q，如图 2-36 所示。下面讨论交流负载线的画法。在图 2-35(b) 所示的交流通路中

$$u_{ce} = -i_c R_L$$

依叠加原理，有

$$i_C = I_{CQ} + i_c$$

$$u_{CE} = U_{CEQ} + u_{ce}$$

上面三式联立

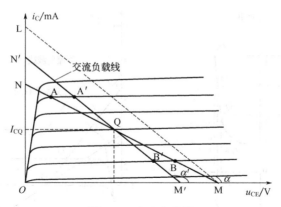

图 2-36　交流负载线

$$u_{CE} = U_{CEQ} - i_c R_L' = U_{CEQ} - (i_C - I_{CQ})R_L'$$

整理得

$$i_C = \frac{U_{CEQ} + I_{CQ}R_L'}{R_L'} - \frac{1}{R_L'}u_{CE}$$

这便是交流负载线的特性方程，显然也是直线方程。当 $i_C = I_{CQ}$ 时，$u_{CE} = U_{CEQ}$，所以交流负载线与直流负载线都过 Q 点。其斜率为

$$k' = \tan\alpha' = -\frac{1}{R_L}$$

已知点 Q 和斜率 k' 便可作出交流负载线来。但斜率不易作得准确，一般用下列方法作交流负载线。

如图 2-36 所示，首先作直流负载线 MN，找出静态工作点 Q，然后过 M 作斜率为 $-\frac{1}{R_L'}$ 的辅助线 ML，（$OL = U_{CC}/R_L'$），最后过 Q 作 M′N′ 平行于 ML，所以 M′N′ 的斜率也为 $-\frac{1}{R_L'}$，而且过 Q 点，所以 M′N′ 即是所求作的交流负载线。

下面通过训练示例来说明如何用图解法分析动态放大电路，求放大倍数，并讨论负载对放大倍数的影响。

示例 3　在图 2-35 所示电路中，已知 $R_b = 300k\Omega$，$R_c = 4k\Omega$，$R_L = 4k\Omega$，$U_{CC} = 12V$，输入电压 $u_i = 0.02\sin\omega t$ （V），三极管的输出特性曲线如图 2-37(b) 所示，输入特性如图 2-37(a)所示，试画出电路的直流负载线和交流负载线，并通过作图求 R_L 接入前后的电压放大倍数。

参考解答　① 作直流负载线，求静态工作点。
直流负载线特性方程为

$$i_C = \frac{U_{CC}}{R_c} - \frac{U_{CE}}{R_c}$$

可知，它在 i_C 轴和 u_{CE} 轴上的截距分别为

$$ON = \frac{U_{CC}}{R_c} = \frac{12}{4} = 3mA$$

$$OM = U_{CC} = 12V$$

过 MN 两点作直线 MN，即为电路的直流负载线。

$$I_{BQ} = \frac{U_{CC} - U_{BE}}{R_b} = \frac{12 - 0.7}{300} = 0.04mA = 40\mu A$$

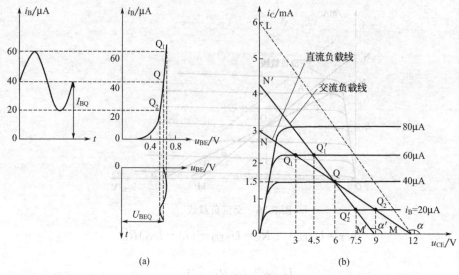

图 2-37 示例 3 图

$i_B = 40\mu A$ 的输出特性曲线 a 与直流负载线 MN 相交于 Q 点，Q 即为静态工作点，静态值为

$$\begin{cases} I_{BQ} = 40\mu A \\ I_{CQ} = 1.5mA \\ U_{CEQ} = 6V \end{cases}$$

② 按直流负载线求 R_c 接入前的放大倍数。

在图 2-35(a) 的输入特性曲线上找到 $I_{BQ} = 40\mu A$ 的点 Q，

$$U_{BEQ} \approx 0.6V$$

叠加输入电压 u_i 后

$$u_{BE} = U_{BEQ} + u_i = 0.6 + 0.02\sin\omega t \quad (V)$$

从输入特性曲线得

$$i_B = 40 + 20\sin\omega t \quad (\mu A)$$

依 i_B 的变化，可知工作点在直流负载线 MN 的 Q_1 和 Q_2 两点之间的变化，i_b 正半周时在 $Q_1 Q$ 段，i_b 负半周时在 $Q_2 Q$ 段，所以有

$$u_{CE} = 6 - 3\sin\omega t \quad (V)$$

输出交流电压

$$u_o = -3\sin\omega t = 3\sin(\omega t - \pi) V$$

电压放大倍数

$$A_u = \frac{u_o}{u_i} = \frac{-3\sin\omega t}{0.02\sin\omega t} = -150$$

③ 作交流负载线。

交流负载电阻

$$R_L' = R_L /\!/ R_C = \frac{R_C \times R_L}{R_C + R_L} = \frac{4 \times 4}{4 + 4} = 2k\Omega$$

$$\frac{U_{CC}}{R_L'} = \frac{12}{2} = 6mA$$

在 i_C 轴上定点 L，使 $OL = 6mA$，连接 ML，过 Q 作 M′N′ //ML，M′N′ 为所求的交流

负载线。

④ 用交流负载线求接入 R_L 后的电压放大倍数。

依 i_b 的变化，可知 R_L 接后工作点在交流负载线上的 Q_1' 与 Q_2' 之间变化，i_b 正半周时在 $Q_1'Q$ 段，i_b 负半周时在 $Q_2'Q$ 段，所以有

$$u_{BE} = 6 - 1.5\sin\omega t \text{ (V)}$$

输出交流电压

$$u_o = -1.5\sin\omega t = 1.5\sin(\omega t - \pi)\text{V}$$

电压放大倍数

$$A_u = \frac{u_o}{u_i} = \frac{-1.5\sin\omega t}{0.02\sin\omega t} = -75$$

显然，接入负载后输出电压减小，放大倍数减小，R_L 越小这种变化越明显。这是因为有：R_L 越小→R_L' 越小→交流负载线越陡→i_c 的变化范围越小→u_{CE} 的变化范围越小。所以输出电压 u_o 越小，即放大倍数越小。

（3）放大器的非线性失真和静态工作点的选择

三极管的非线性表现在输入特性的弯曲部分和输出特性间距的不均匀部分。如果输入信号的幅值比较大，将使 i_B、i_C 和 u_{CE} 正、负半周不对称，产生非线性失真，如图 2-38 所示。

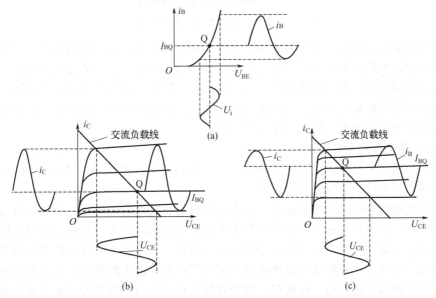

图 2-38　由三极管特性的非线性引起的失真

静态工作点的位置不合适，也会产生严重的失真，大信号输入尤其如此。如果静态工作点选得太低，在输入特性上，信号电压的负半周有一部分在阈电压以下，管子进入截止区，使 i_B 的负半周被"削"去一部分。i_B 已为失真波形，结果使 i_C 负半周和 u_{CE} 的正半周（对 NPN 型管而言）被"削"去相应的部分，输出电压 $u_o(u_{CE})$ 的波形出现顶部失真，如图 2-39(a)所示。因为这种失真是三极管在信号的某一段时间内截止而产生的，所以称为截止失真。如果静态工作点选得太高，尽管 i_B 波形完好，但在输出特性上，信号的摆动范围有一部分进入饱和区，结果使 i_C 的正半周和 u_{CE} 的负半周（对 NPN 管）被"削"去一部分，输出电压 $u_o(u_{CE})$ 的波形出现底部失真，如图 2-39(b)所示。

因为这种失真是三极管在信号的某一段内饱和而产生的，所以称为饱和失真。PNP 型三极管的输出电压 u_o 的波形失真现象与 NPN 型三极管的相反。对一个放大电路，希望它

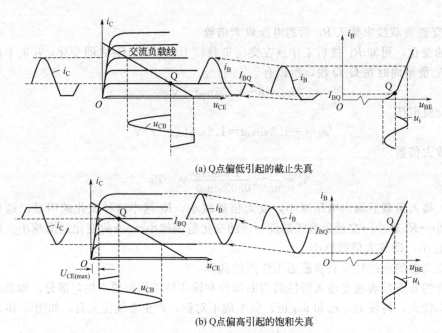

(a) Q点偏低引起的截止失真

(b) Q点偏高引起的饱和失真

图 2-39　工作点选择不当引起的失真

的输出信号能正确地反映输入信号的变化，也就是要求波形失真小，否则就失去了放大的意义。由于输出信号波形与静态工作点有密切的关系，所以静态工作点的设置要合理。所谓合理，即 Q 点的位置应使三极管各极电流、电压的变化量处于特性曲线的线性范围内。具体地说，如果输入信号幅值比较大，Q 点应选在交流负载线的中央；如果输入信号幅值比较小，从减小电源的消耗考虑，Q 点应尽量低一些。

2.2.2.2　微变等效电路分析法

用图解法分析放大电路，虽然比较直观，便于理解，但过程烦琐，不易进行定量分析。因此，下面将进一步讨论等效电路分析法。

三极管各极电压和电流的变量关系，在大范围内是非线性的。但是，如果三极管工作在小信号的情况下，信号只是在工作点附近很小的范围内变化，那么，此时三极管的特性可以看成是线性的，其特性参数可认为是不变的常数。因此，可用一个线性电路来代替在小信号工作范围内的三极管，只要从这个线性电路的相应引出端看进去的电压和电流的变量关系与从三极管对应引出端看进的一样就行。这个线性电路就称为三极管的微变等效电路。

用微变等效电路代替放大电路中的三极管，使复杂的电路计算大为简化。

（1）三极管基极-发射极间的等效

小信号输入，因为动态范围很小，可以认为是在作线性变化，如图 2-40（a）电路所示，在静态工作点 Q 附近，输入特性曲线和输出特性曲线均可视为直线的一部分。在输入特性曲线上，当 u_{CE} 一定时，Δi_B 与 Δu_{BE} 成正比；即三极管输入回路基极与发射极之间可以用等效电阻 r_{be} 代替。

即　　　　　　　　　$r_{be} = \dfrac{\Delta u_{BE}}{\Delta i_B}\bigg|_{U_{CE}-定} = \dfrac{u_{be}}{i_b}$

根据三极管输入结构分析，r_{be} 的数值可以用下列公式计算：

$$r_{be} = r_{bb'} + (1+\beta)\dfrac{26(\text{mV})}{I_{EQ}(\text{mA})} \tag{2-13}$$

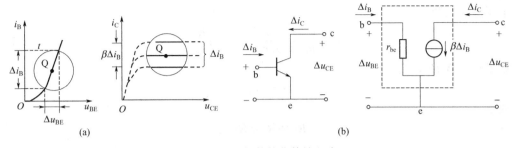

图 2-40　三极管简化等效电路

式中，$r_{bb'}$ 是基区体电阻，对于低频小功率管，$r_{bb'}$ 约为几百欧姆，一般无特别说明时，可取 $r_{bb'} = 300\Omega$；I_{EQ} 为静态射极电流。

（2）三极管集电极-发射极间的等效

当三极管工作于放大区时，在输出特性曲线上，各条曲线平行且间隔均匀，当 u_{CE} 一定时，Δi_C 与 Δi_B 成正比。

电流放大倍数为

$$\beta = \frac{\Delta i_C}{\Delta i_B}\bigg|_{U_{CE}\text{一定}} = 恒量$$

因此，从输出端 c、e 极看，三极管就成为一个受控电流源，于是

$$\Delta i_C = \beta \Delta i_B$$
$$i_c = \beta i_b$$

这样，非线性的三极管就成为线性元件，它的 b 与 e 之间为一个电阻 r_{be}，c 与 e 之间为一个受控电流源 βi_b，因此，可画出晶体管的线性等效电路如图 2-40(b) 所示。

把基本放大电路中的三极管用其简化等效电路代替，并画出其交流通路，就成为基本放大电路的微变等效电路，如图 2-41 所示。

根据图 2-41 等效电路，可以求电路的输入电阻 r_i、输出电阻 r_o 和电压放大倍数 A_u。

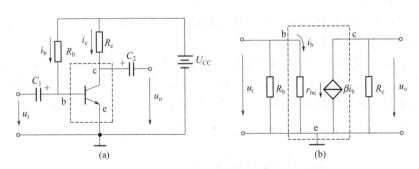

图 2-41　基本放大电路的简化等效电路

从输入回路，可得输入电阻

$$r_i = r_b /\!/ r_{be} \tag{2-14}$$

又 $R_b \gg r_{be}$，所以

$$r_i \approx r_{be}$$

从输出端看放大电路的电阻时，电流源作为开路，所以输出电阻为

$$r_o = R_c \tag{2-15}$$

输入电压　　　　　　　　　　　　　　$u_i = i_b r_{be}$

输出电压
$$u_o = -i_c = -\beta i_b R_c$$

电压放大倍数
$$A_u = \frac{u_o}{u_i} = \frac{-\beta i_b R_c}{i_b r_{be}} = -\beta \frac{R_c}{r_{be}} \tag{2-16}$$

如果有负载 R_L，则
$$u_o = -\beta i_b R'_L$$

式中
$$R'_L = R_c /\!/ R_L$$

$$A_u = -\beta \frac{R'_L}{r_{be}} \tag{2-17}$$

2.2.3 分压式偏置电路

如图 2-42 所示为分压式偏置电路，它既能提供静态电流，又能稳定静态工作点。

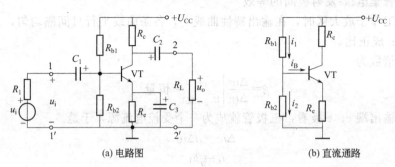

(a) 电路图   (b) 直流通路

图 2-42 分压式偏置电路

图中 R_{b1}、R_{b2} 的作用是将 U_{CC} 进行分压，在晶体三极管基极上产生基极静态电压 U_{BQ}。R_e 为发射极电阻，发射极静态电流 I_{EQ} 在其上产生静态电压 U_{EQ}，所以发射结上的静态电压 $U_{BEQ} = U_{BQ} - U_{EQ}$。

(1) Q 点的稳定过程

现在分析分压式偏置电路稳定静态工作点的过程。假设温度升高，I_{CQ}（或 I_{EQ}）随温度升高而增加，那么 U_{EQ} 也相应增加。

如果 R_{b1} 和 R_{b2} 的电阻值较小，通过它们的电流远比 I_{BQ} 大，则可认为 U_{BQ} 恒定而与 I_{BQ} 无关，根据 $U_{BEQ} = U_{BQ} - U_{EQ}$，则 U_{BEQ} 必然减小，从而使 I_{EQ}、I_{CQ} 趋于减小，使 I_{EQ}、I_{CQ} 基本稳定。这个自动调整过程可表示如下（"↑"表示增，"↓"表示减）：

$$T(温度) \uparrow \rightarrow I_{CQ}(I_{EQ}) \uparrow \rightarrow U_{CEQ} \xrightarrow{U_{BQ}不变} U_{BEQ} \downarrow$$

$$I_{CQ}(I_{EQ}) \downarrow \leftarrow I_{BQ} \downarrow$$

反之亦然。由上分析可知分压式偏置电路稳定工作点的实质是：先恒定 U_{BQ}，然后通过 R_e 把输出量（I_{CQ}）的变化引回到输入回路，使输出量变化减小。

由上面的分析知道，要想使稳定过程能够实现，必须满足以下两个条件。

① 基极电位恒定。这样才能使 U_{BEQ} 真实地反映 $I_{CQ}(I_{EQ})$ 的变化。那么，只要满足 I_1、I_{BQ}，就可以认为

$$U_{BQ} = \frac{R_{b2}}{R_{b1} + R_{b2}} U_{CC}$$

也就是说 U_{BQ} 基本恒定，不受温度影响。

当然，为了实现 $I_1 \gg I_{BQ}$，R_{b1}、R_{b2} 的值应取得小些。但太小功耗大，而且也增大对输入信号源的旁路作用。

工程上，一般取 $I_1 \geqslant (5 \sim 10) I_{BQ}$。

② R_e 足够大。这样才能使 $I_{CQ}(I_{EQ})$↑ 的变化引起 U_{EQ} 更大的变化，更能有效地控制 U_{BEQ}。但从电源电压利用率来看，R_e 不宜过大，否则，U_{CC} 实际加到管子两端的有效压降 U_{CEQ} 就会过小。工程上，一般取 $U_{EQ} = 0.2 U_{CC}$ 或 $U_{EQ} = 1 \sim 3V$。

分压式偏置电路不仅提高了静态工作点的热稳定性，而且对于换用不同晶体管时，因参数不一致而引起的静态工作点的变化，同样也具有自动调节作用。

（2）静态工作点的估算

在满足 $I_1 \gg I_B$ 的条件下，可以认为 $I_1 \approx I_2$，于是

$$U_B = \frac{R_{b2}}{R_{b1}+R_{b2}} U_{CC} \tag{2-18}$$

$$I_{CQ} \approx I_E = \frac{U_B - U_{BE}}{R_E} \tag{2-19}$$

$$U_{CEQ} = U_{CC} - I_{CQ}(R_c + R_e) \tag{2-20}$$

$$I_{BQ} = I_{CQ}/\beta \tag{2-21}$$

由于 R_e 加有旁路电容 C_e，C_e 对交流信号相当于短路，故对动态分析没有影响。

下面将通过训练示例 3 说明分压式偏置电路的动态分析。

示例 4　在图 2-42 中，已知 $R_{b1} = 7.5k\Omega$，$R_{b2} = 2.5k\Omega$，$R_c = 2k\Omega$，$R_e = 1k\Omega$，$R_L = 2k\Omega$，$U_{CC} = 12V$，$U_{BE} = 0.7V$，$\beta = 30$。试计算放大电路的静态工作点和电压放大倍数 A_u，输入电阻 r_i 和输出电阻 r_o。

参考解答　① 静态工作点的计算

$$U_{BQ} = \frac{R_{b2}}{R_{b1}+R_{b2}} U_{CC} = \frac{2.5}{7.5+2.5} \times 12 = 3V$$

$$I_{CQ} \approx I_E = \frac{U_B - U_{BE}}{R_E} = \frac{3-0.7}{1k\Omega} = 2.3mA$$

$$I_{BQ} = I_{CQ}/\beta R_{b1} = 2.3/30 mA = 0.077 mA$$

$$U_{CEQ} = U_{CC} - I_{CQ}(R_c + R_e) 12 - 2.3(2+1) = 5.1V$$

由图 2-42(a)，可画出交流通路及微变等效电路，如图 2-43 所示。

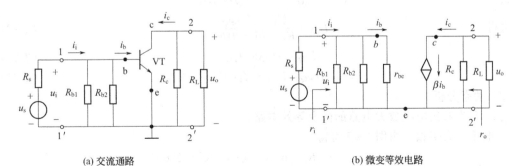

(a) 交流通路　　　　　　　　　　　　　　(b) 微变等效电路

图 2-43　分压式偏置电路的微变等效电路

② 电压放大倍数 A_u，输入电阻 r_i 和输出电阻 r_o 的计算

$$r_{be} = r_{bb'} + (1+\beta)\frac{26mV}{I_{EQ}(mA)} = 300\Omega + (1+30)\frac{26}{2.3} = 650\Omega$$

$$R'_L = R_c // R_L = 1\text{k}\Omega$$

$$A_u = -\frac{\beta R'_L}{r_{be}} = -30 \times \frac{1}{0.65} = -46.2$$

$$r_i = R_{b1} // R_{b2} // r_{be} = \frac{1}{\dfrac{1}{7.5} + \dfrac{1}{2.5} + \dfrac{1}{0.65}} = 0.483\text{k}\Omega = 483\Omega$$

$$r_o = R_c = 2\text{k}\Omega$$

2.2.4　共集电极电路和共基极电路

根据输入和输出回路共同端的不同，放大电路可分三种基本组态。前面讨论分析了共发射极电路，现在讨论共集电极和共基极两种电路。

2.2.4.1　共集电极电路

共集电极放大电路的原理图如图 2-44 所示，它的交流通路如图 2-44(b) 所示。由交流通路可知，三极管的负载电阻是接在发射极上，输入电压 u_i 加在基极和集电极之间，而输出电压 u_o 从发射极和集电极两端取出，所以集电极是输入、输出电路的共同端点。下面计算图 2-44(a) 电路的静态工作点，电压放大倍数，输入、输出电阻。

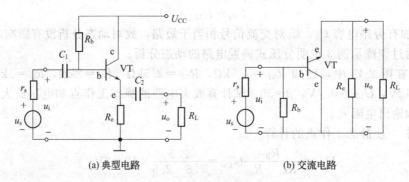

(a) 典型电路　　　　　　　　　　(b) 交流电路

图 2-44　共集电极电路

(1) 静态工作点

由图 2-44(a) 可列出基极回路方程

$$U_{CC} = I_{BQ}R_b + U_{BEQ} + U_E$$

又

$$U_E = I_{EQ}R_e = (1+\beta)I_{BQ}R_e$$

可得

$$I_{BQ} = \frac{U_{CC} - U_{BEQ}}{R_b + (1+\beta)R_e} \tag{2-22}$$

$$I_{CQ} = \beta I_{BQ} \approx I_{EQ} \tag{2-23}$$

$$U_{CEQ} = U_{CC} - I_{EQ}R_E \tag{2-24}$$

(2) 动态分析

图 2-45 为共集电极放大电路的微变等效电路。

① 电压放大倍数　由图 2-45 可得

$$u_i = i_b r_{be} + i_e(R_e // R_L) = i_b r_{be} + (1+\beta)i_b R'_L$$

$$u_o = i_e(R_e // R_L) = (1+\beta)i_b R'_L$$

式中，$R'_L = R_e // R_L$。所以电压放大倍数为

$$A_u = \frac{u_o}{u_i} = \frac{(1+\beta)R'_L}{r_{be} + (1+\beta)R'_L} \tag{2-25}$$

一般有 $r_{be} \ll (1+\beta)R'_L$，因此 $A_u \approx 1$，这说明共集电极放大电路的输出电压与输入电压

不但大小近似相等（u_o略小于u_i），而且相位相同，即输出电压有跟随输入电压的特点，故共集电极放大电路又称"射极跟随器"。

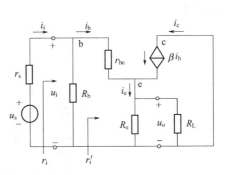

图 2-45　共集电极放大电路的微变等效电路

② 输入电阻　由图 2-45 可得从晶体管基极看进去的输入电阻为

$$r_i' = \frac{u_i}{i_b} = \frac{i_b r_{be} + (1+\beta) i_b R_L'}{i_b} = r_{be} + (1+\beta) R_L'$$

因此共集电极放大电路的输入电阻为

$$r_i = \frac{u_i}{i_i} = R_b // r_i' = R_b // [r_{be} + (1+\beta) R_L']$$

$$(2\text{-}26)$$

③ 输出电阻　求放大电路输出电阻r_o的等效电路如图 2-46 所示。

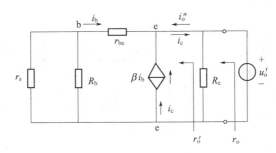

图 2-46　求共集电极放大电路输出电的等效电路

将u_s去掉，保留其内阻r_s，去掉R_L，在输出端加一电压u_o'。由图可得

$$i_o'' = -i_e = -(1+\beta) i_b$$

$$u_o' = -[(r_s // R_b) + r_{be}] i_b$$

从发射极向里看进去的输出电阻

$$r_o' = \frac{u_o'}{i_o''} = \frac{(r_s // R_b) + r_{be}}{1+\beta}$$

$$(2\text{-}27)$$

当考虑到R_e时，从输出端向里看进去的输出电阻r_o为

$$r_o = R_e // r_o'$$

$$(2\text{-}28)$$

由式(2-28) 和式(2-29) 可见，射极输出器的输出电阻，等于基极回路中的总电阻的$1/(1+\beta)$（折合到发射极）同R_e相并联。它的数值较小，一般只有几十欧姆。

综上分析，射极输出器的特点是：电压放大倍数小于或近于 1，输出电压和输入电压同相位，输入电阻高，输出电阻低。虽然共集电极电路本身没有电压放大作用，但有电流放大作用，同时由于其输入电阻大，只从信号源吸收很小的功率，所以对信号源影响很小；又由于其输出电阻很小，当负载R_L改变时，输出电压波动很小，故有很好的带负载能力，可作为恒压源输出，共集电极电路还具有很好的高频特性。所以，共集电极放大电路多用于输入级、输出级或中间缓冲级（起阻抗变换的作用）。

2.2.4.2　共基极电路

共基极电路如图 2-47 所示，由图可见，交流信号通过晶体管旁路电容C_2接地，因此输入信号u_i由发射极引入、输出信号由集电极引出，它们都以基极为公共端，故称为共基极放大电路。

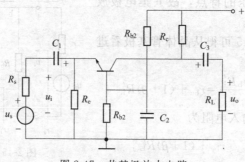

图 2-47 共基极放大电路

（1）静态工作点

图 2-48(a) 为共基极放大电路的直流通路。图中，如果忽略 I_{BQ} 对 R_{b1}、R_{b2} 分压电路中电流的分流作用，则基极静态电压 U_B 为

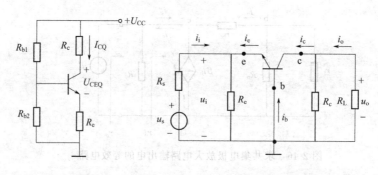

(a) 直流通路　　　　　　　　　　　(b) 交流通路

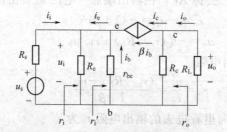

(c) 微变等效电路

图 2-48 共基极电路的等效电路

$$U_B \approx \frac{R_{b2}}{R_{b1} + R_{b2}} U_{CC}$$

流经 R_e 的电流 I_{EQ} 为

$$I_{EQ} = \frac{U_E}{R_e} = \frac{U_B - U_{BE}}{R_e}$$

如果满足 $U_B \gg U_E$，则上式可简化为

$$I_{CQ} \approx I_{EQ} \approx \frac{U_B}{R_e} = \frac{1}{R_e} \times \frac{R_{b2}}{R_{b1} + R_{b2}} U_{CC} \tag{2-29}$$

$$I_{BQ} = \frac{I_{EQ}}{1 + \beta} \tag{2-30}$$

$$U_{CEQ} = U_{CC} - (R_c + R_e) I_{CQ} \tag{2-31}$$

（2）动态分析

利用三极管的小信号等效电路，可以画出图 2-47 的交流等效电路如图 2-48（b）及微变等效电路图 2-48（c）如图。图中，b、e 之间用 r_{be} 代替，c、e 之间用电流源 βi_b 代替。

① 电压放大倍数　根据图 2-48（c）可得

$$u_i = -r_{be} i_b$$

$$u_o = i_o R'_L = -i_c R'_L = -\beta i_b R'_L$$

所以电压放大倍数为

$$A_u = \frac{u_o}{u_i} = \frac{\beta R'_L}{r_{be}} \tag{2-32}$$

式（2-32）表明，共基极放大电路具有电压放大作用，其电压放大倍数和共射电路的电压放大倍数在数值上相等，共基极电路输出电压和输入电压同相位。

② 输入电阻　当不考虑 R_e 的并联支路时，即从发射极向里看进去的输入电阻 R'_i 为

$$R'_i = \frac{-r_{be} i_b}{-(1+\beta) i_b} = \frac{r_{be}}{1+\beta} \tag{2-33}$$

r_{be} 是共射极电路从基极向里看进去的输入电阻，显然，共基极电路从发射极向里看进去的输入电阻为共射极电路的 $1/1+\beta$。

当考虑到 R_e 后，则从输入端看进去的输入电阻为

$$r_i = \frac{u_i}{i_i} = R_e // r' \tag{2-34}$$

③ 输出电阻　在图 2-48（c）中，令 $u_s = 0$，则 $i_b = 0$，受控电流源 $\beta i_b = 0$，可视为开路，断开 R_L，接入 u，可得 $i = u/R_C$，因此，求得共基极放大电路的输出电阻等于

$$r_0 = R_C \tag{2-35}$$

共基极放大电路具有输出电压与输入电压同相，电压放大倍数高、输入电阻小、输出电阻大等特点。由于共基极电路有较好的高频特性，故广泛用于高频及宽带放大电路中。

2.2.5　多级放大电路

在实际的电子设备中，为了得到足够大的增益或者考虑到输入电阻和输出电阻等特殊要求，放大器往往由多级组成。多级放大器由输入级、中间级和输出级组成。如图 2-49 所示，输出级一般是大信号放大器，下面只讨论由输入级到中间级组成的多级小信号放大器。

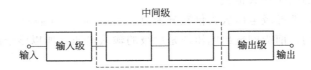

图 2-49　多级放大器的组成方框图

（1）级间耦合方式

在多级放大器中，要求前级的输出信号通过耦合不失真地传送到后级的输入端。常用的耦合方式有阻容耦合、直接耦合、变压器耦合。下面分别予以介绍。

① 阻容耦合　阻容耦合就是利用电容作为耦合和隔直流元件的电路。如图 2-50 所示。第一级的输出信号，通过电容 C_2 和第二级的输入电阻 r_{i2} 加到第二级的输入端。

阻容耦合的优点是：前后级直流通路彼此隔开，每一级的静态工作点都相互独立。便于分析、设计和应用。缺点是：信号在通过耦合电容加到下一级时会大幅度衰减。在集成电路里制造大电容很困难，所以阻容耦合只适用于分立元件电路。

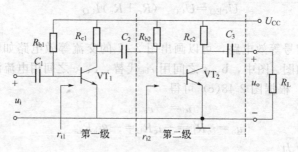

图 2-50　阻容耦合方式

② 直接耦合　直接耦合是将前后级直接相连的一种耦合方式。但是，两个基本放大电路不能像图 2-51 那样简单地连接在一起。如果按图 2-51 连接，VT_1 管集电极电位被 VT_2 管基极限制在 0.7V 左右（设 VT_2 为硅管），导致 VT_1 处于临界饱和状态；同时，VT_2 基极电流由 R_{b2} 和 R_{c1} 流过的电流决定，因此 VT_2 的工作点将发生变化，容易导致 VT_2 饱和。通过上述分析，在采用直接耦合方式时，必须解决级间电平配置和工作点漂移两个问题，以保证各级各自有合适的稳定的静态工作点。

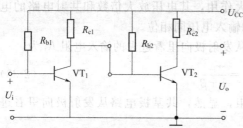

图 2-51　两个基本放大电路简单连接方式

图 2-52 给出了两个直接耦合的例子。图 2-52(a) 中，由于 R_{e2} 提高了 VT_2 发射极电位，保证了 VT_1 的集电极得到较高的静态电位。所以 VT_1 不至于工作在饱和区。图 2-52(b) 中，用负电源 U_{BB}，既降低了 VT_2 基极电位，又与 R_1、R_2 配合，使 VT_1 集电极得到较高的静态电位。

直接耦合的优点是：电路中没有大电容和变压器，能放大缓慢变化的信号，它在集成电路中得到广泛的应用。它的缺点是：前、后级直流电路相通，静态工作点相互牵制、相互影响，不利于分析和设计。

③ 变压器耦合　用变压器构成级间耦合电路的称为变压器耦合。由于变压器体积与重量较大、成本较高，所以变压器耦合在交流电路中应用较少，而较多地应用在功率放大电路中。

（2）多级放大器的电压放大倍数

在多级放大器中，如各级电压放大倍数分为 $A_{u1} = u_{o1}/u_{i1}$、$A_{u2} = u_{o2}/u_{i2}$、$A_{un} = u_o/u_{in}$，由于信号是逐级传送的，前级的输出电压便是后级的输入电压，所以整个放大电路的电压放大倍数为

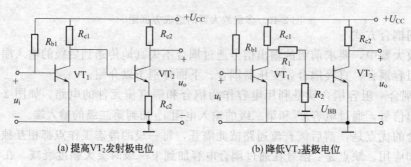

(a) 提高VT₂发射极电位　　　　　　(b) 降低VT₂基极电位

图 2-52　直接耦合方式

$$A_{\mathrm{u}} = \frac{u_{\mathrm{o}}}{u_{\mathrm{i}}} = \frac{u_{\mathrm{o1}}}{u_{\mathrm{i}}} \times \frac{u_{\mathrm{o2}}}{u_{\mathrm{i2}}} \cdots \frac{u_{\mathrm{o}}}{u_{\mathrm{in}}} = A_{\mathrm{u1}} A_{\mathrm{u2}} \cdots A_{\mathrm{u}n} \tag{2-36}$$

式（2-36）表明，多级放大电路的电压放大倍数等于各级放大倍数的乘积，若用分贝表示，则多级放大电路的电压总增益等于各级电压增益之和，即

$$A_{\mathrm{u}}(\mathrm{dB}) = A_{\mathrm{u1}}(\mathrm{dB}) + A_{\mathrm{u2}}(\mathrm{dB}) + \cdots + A_{\mathrm{u}n}(\mathrm{dB}) \tag{2-37}$$

2.2.6 功率放大电路

功率放大电路是最常用的一种放大电路。常用的电子电路和电子设备中的放大电路通常由输入级、中间级和输出级组成的多级放大器来构成。要求连接负载的输出级要提供足够的驱动负载的能力。例如，收音机里的输出级需提供足够的功率以驱动扬声器发出声音，推动电动机旋转等。这类主要向负载提供功率的放大电路称为功率放大电路。从能量控制的观点来看，前面讲的电压放大电路与功率放大电路没有本质的区别，实质上都是能量转换电路，只是各自要完成的任务不同。

2.2.6.1 功率放大器的特点

电压放大电路与功率放大电路都是利用换能器件（如三极管等有源器件）将电源的直流能量转换成负载所需要的信号能量。但是，功率放大电路和电压放大电路所要完成的任务是不同的。对电压放大电路的主要要求是使负载得到不失真的电压信号，它的主要技术指标是电压放大倍数、输入电阻和输出电阻等，它工作在小信号状态。而功率放大电路则不同，它工作在大信号状态，要求获得一定的不失真（或失真较小）的输出功率。因此，功率放大电路通常有以下的基本要求。

① 输出功率足够大　为获得足够大的输出功率，功放管的电压和电流变化范围应很大。

② 效率要高　功率放大电路的电压和电流都较大，功率消耗也大，因此，能量的转换效率也是功率放大电路的一个重要指标。功率放大器的效率是指负载上得到的信号功率与电源供给的直流功率之比。

③ 非线性失真要小　功率放大器是在大信号状态下工作，电压、电流摆动幅度很大，极易超出管子特性曲线的线性范围而进入非线性区，造成输出波形的非线性失真，因此，功率放大器比小信号的电压放大器的非线性失真问题严重。

④ 充分考虑功放管的散热问题　在功率放大电路中，电源提供的直流功率，一部分转换为负载的有用功率，而另一部分则消耗在功放管上，使功放管发热。为了充分利用允许的管耗而使管子输出足够大的功率，放大器的散热就成为严重的问题。常用的散热方法有：加装散热片、靠近机箱通风口或加装小风扇等。

⑤ 其他问题　在功率放大电路中，由于输出功率较大，管子承受的电压较高，电流也较大，所以要考虑保护功放管，以防止功放管损坏。

在分析方法上，由于管子处于大信号下工作，故通常采用图解法来分析功率放大电路。

综上所述，对于功率放大电路，要求其输出波形失真足够小，效率尽可能高，在三极管能安全工作的前提下尽可能输出最大的功率。

2.2.6.2 功率放大器的分类

功率放大器通常是根据功放管工作点选择的不同来进行分类的，分为甲类放大、乙类放大和甲乙类放大等形式。当静态工作点 Q 设在负载线段的中点、在整个信号周期内都有电流 i_{C} 通过时，称为甲类放大状态，其波形如图 2-53(a) 所示。若将静态工作点 Q 设在截止点，则 i_{C} 仅在半个信号周期内通过，其输出波形被削掉一半，如图 2-53(b) 所示，称为乙类放大状态。若将静态工作点设在线性区的下部靠近截止点处，则其 i_{C} 的流通时间为多半个

信号周期，输出波形被削掉少一半，如图 2-53(c) 所示，称为甲乙类放大状态。

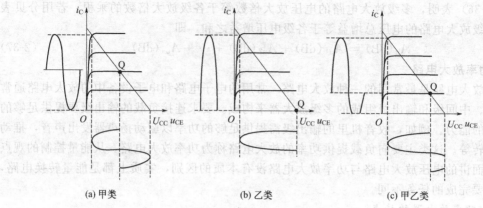

(a) 甲类　　　　　　　(b) 乙类　　　　　　　(c) 甲乙类

图 2-53　功率放大器的分类

甲类、乙类、甲乙类功率放大电路都可以较好的进行功率放大。甲类功率放大电路具有结构简单、线性好、失真小等优点。但由于甲类功率放大电路中，电源始终不断地输出功率，在没有信号输入时，这些功率全消耗在管子上。因此，甲类功率放大电路的管耗大，输出效率低，即使在理想情况下，效率也只能达到 50%。乙类功率放大器的效率最高，甲乙类次之。虽然乙类和甲乙类功放电路效率较高，但波形失真严重，故在实际的功率放大电路中，常常采用两管轮流导通的互补对称功率放大电路来减小失真。

2.2.6.3　互补对称功率放大器

（1）乙类基本互补对称功率放大器

① 电路组成　基本的互补对称功率放大器电路如图 2-54 所示。图中 VT_1、VT_2 是两个特性一致的 NPN 型和 PNP 型三极管。两管基极连接输入信号，发射极连接负载 R_L。两管均工作在乙类状态。这个电路可以看成是由两个工作于乙类状态的射极输出器所组成。

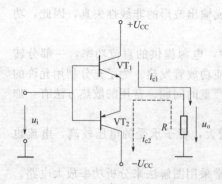

图 2-54　基本互补对称功率放大器电路

② 工作原理　无信号时，因 VT_1、VT_2 特性一致及电路对称，因而发射极电压 $U_E=0$，R_L 中无静态电流。又由于管子工作于乙类状态，$I_{BQ}=0$，$I_{CQ}=0$，故电路中无静态损耗。

有正弦信号 u_i 输入时，两管轮流工作。正半周时，VT_1 因发射结正偏而导通，在负载 R_L 上输出电流 i_{c1}，如图中实线所示，VT_2 因发射结反偏而截止。同理，在负半周时，VT_1 因发射结正偏而导通，在负载 R_L 上输出电流 i_{c2}，如图中虚线所示，VT_1 因发射结反偏而截止。这样，在信号 u_i 的一个周期内，电流 i_{c1} 和 i_{c2} 以正、反两个不同的方向交替流过负载电阻 R_L，在 R_L 上合成为一个完整的略有点交越失真的正弦波信号。

由此可见，在输入电压作用下，互补对称电路利用了两个不同类型晶体管发射结偏置的极性正好相反的特点，自行完成了反相作用，使两管交替导通和截止。

此外，互补对称电路联成射极输出方式，具有输入电阻高、输出电阻低的特点，低阻负载可以直接接在放大电路的输出端。

由于采用双电源，不需要耦合电容，故称为 OCL，即无输出电容互补对称功率放大电路，简称 OCL 电路。

③ 输出功率、效率和管耗 由于互补电路两管完全对称，在做定量分析时，只要分析一个三极管的情况就可以了。如图 2-55 所示为功放电路中三极管 V_1 的动态工作图解示意图。

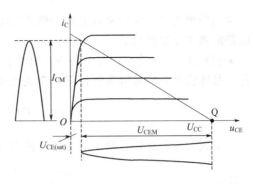

其中，U_{CEM}、I_{CM} 分别表示交流输出电压和输出电流的幅值，$U_{CE(sat)}$ 为功率管的饱和压降。

● 输出功率 P_o 输出电流 i_o 和输出电压 u_o 有效值的乘积，就是功率放大电路的输出功率，即

$$P_o = U_o I_o = \frac{U_{CEM}}{\sqrt{2}} \times \frac{I_{CM}}{\sqrt{2}} = \frac{1}{2} I_{CM} U_{CEM} \tag{2-38}$$

图 2-55 乙类功放电路图解分析

由于 $I_{CM} = \dfrac{U_{CEM}}{R_L}$，所以式（2-37）也可以写成

$$P_o = \frac{U_{CEM}^2}{2R_L} = \frac{1}{2} I_{CM}^2 R_L \tag{2-39}$$

最大不失真输出电压的幅值为

$$U_{CEM(max)} = U_{CC} - U_{CE(sat)} \approx U_{CC} \tag{2-40}$$

最大不失真输出电流的幅度为

$$I_{CM} = \frac{U_{CEM}}{R_L} \approx \frac{U_{CC}}{R_L} \tag{2-41}$$

最大不失真输出功率为

$$P_{o(max)} = \frac{1}{2} \times \frac{U_{CEM(max)}^2}{R_L} \approx \frac{1}{2} \times \frac{U_{CC}^2}{R_L} \tag{2-42}$$

● 直流电源供给的功率 由于两个管子轮流工作半个周期，每个管子的集电极电流的平均值为

$$I_{C1} = I_{C2} = \frac{1}{2\pi} \int_0^\pi I_{CM} \sin\omega t \, d(\omega t) = \frac{I_{CM}}{\pi} \tag{2-43}$$

因为每个电源只提供半周期的电流，所以两个电源供给的总功率为

$$P_{DC} = I_{C1} U_{CC} + I_{C2} U_{CC} = 2 I_{C1} U_{CC} = 2 U_{CC} I_{CM} / \pi \tag{2-44}$$

将式（2-41）代入式（2-44），得最大输出功率时，直流电源供给功率为

$$P_{DC} = \frac{2 U_{CC}^2}{\pi R_L} \tag{2-45}$$

● 效率 η 效率是负载获得的功率 P_o 与直流电源供给功率 P_{DC} 之比，一般情况下的效率 η 可由式（2-38）与式（2-44）相比求出

$$\eta = \frac{P_o}{P_{DC}} = \frac{\pi}{4} = \frac{U_{CEM}}{U_{CC}} \tag{2-46}$$

当 $U_{CEM(max)} \approx U_{CC}$ 时，则

$$\eta_{\max} = \frac{\pi}{4} = 78.5\% \tag{2-47}$$

应当指出的是，大功率管的饱和管压降 $U_{CE(sat)}$ 常为 $2\sim3V$，一般不能忽略，故实际应用电路的效率要比此值低。

● 管耗 P_C　在功率放大电路中，电源提供的功率，除了转化成输出功率外，其余主要消耗在晶体管上，故可以为管耗等于直流电源提供的功率与输出功率之差，即

$$P_C = P_{CD} - P_o = \frac{2U_{CC}U_{CEM}}{\pi R_L} - \frac{U_{CEM}^2}{2R_L} \tag{2-48}$$

由上式可知，管耗与输出电压的幅值有关。为求出最大管耗，令 $\dfrac{\mathrm{d}P_C}{\mathrm{d}U_{CEM}}=0$

则得

$$\frac{\mathrm{d}P_C}{\mathrm{d}U_{CEM}} = \frac{2U_{CC}}{\pi R_L} - \frac{U_{CEM}}{R_L} = 0$$

则

$$U_{CEM} = \frac{2}{\pi}U_{CC} \tag{2-49}$$

这说明，当 $U_{CEM}=\dfrac{2}{\pi}U_{CC}\approx0.6U_{CC}$ 时，管耗最大，将此式代入式（2-48），即可求得两管总的最大管耗为

$$P_{C(\max)} = \frac{2U_{CC}^2}{\pi^2 R_L} = \frac{4}{\pi^2}P_{o(\max)} \approx 0.4P_{o(\max)} \tag{2-50}$$

每只三极管的最大管耗为总管耗的一半，即

$$P_{C1(\max)} = P_{C2(\max)} = \frac{1}{2}P_{C(\max)} \approx 0.2P_{o(\max)} \tag{2-51}$$

因此，选择功率管时集电极最大允许管耗 P_{CM} 应大于该值，并留有一定的余量。

（2）单电源互补对称功率放大器

图 2-54 所示互补对称功率放大器中需要正、负两个电源。但在实际电路中，如收音机、扩音机中，为了简化，常采用单电源供电。为此，可采用图 2-56 所示单电源供电的互补对称功率放大器。这种形式的电路无输出变压器，而有输出耦合电容，简称为 OTL 电路（英文 Output Transformerless 的缩写，意即无输出变压器）。而图 2-54 所示电路简称为 OCL 电路（英文 Output Capacitorless 的缩写，意即无输出电容）。

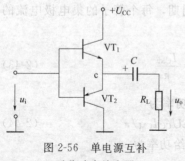

图 2-56　单电源互补
对称功率放大器

图 2-56 电路中，管子工作于乙类状态。静态时因电路对称，两管发射极 e 点电位为电源电压的一半 $U_{CC}/2$，负载中没有电流。

动态时，在输入信号正半周，VT_1 导通，VT_2 截止，VT_1 以射极输出的方式向负载 R_L 提供电流 $i_0=i_{c1}$，使负载 R_L 上得到正半周输出电压，同时对电容 C 充电。在输入信号负半周，VT_1 截止，VT_2 导通，电容 C 通过 VT_2、R_L 放电，VT_2 也以射极输出的方式向 R_L 提供电流 $i_0=i_{c2}$，在负载 R_L 上得到负半周输出电压。电容器 C 在这时起到负电源的作用。为了使输出波形对称，即 i_{c1} 与 i_{c2} 大小相等，必须保持 C 上电压恒为 $U_{CC}/2$ 不变，也就是 C 在放电过程中其端电压不能下降过多，因此，C 的容量必须足够大。

（3）甲乙类互补对称功率放大器

乙类互补对称功率放大器存在晶体管输入特性死区电压引起的交越失真，需要给功放管

加上偏置电流，使其工作于甲乙类放大状态，以此来克服交越失真。

图 2-57 为常见的几种甲乙类互补对称功率放大器。（a）图为 OCL 电路，（b）图为 OTL 电路。在（a）、（b）两图中，VT_3 为推动级，VT_3 的集电极电路中接有两个二极管 VD_1 和 VD_2，利用 VT_3 集电极电流在 VD_1、VD_2 的正向压降给两个功放管 VT_1、VT_2 提供基极偏置，从而克服交越失真。

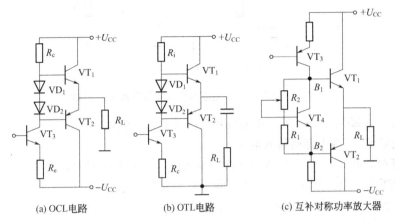

(a) OCL电路　　　　(b) OTL电路　　　　(c) 互补对称功率放大器

图 2-57　甲乙类互补对称功率放大器

静态时，因 VT_1、VT_2 两管电路对称，两管静态电流相等，负载上无静态电流，输出电压 $U_o=0$。当有交流信号输入时，VD_1 和 VD_2 的交流电阻很小，可视为短路，从而保证了 VT_1 和 VT_2 两管基极输入信号幅度基本相等。由于二极管正向压降具有负温度系数，因而这种偏置电路具有温度稳定作用，可以自动稳定输出级功放管的静态电流。

图 2-57(c) 是另一种常见的为互补对称功率放大器设置静态工作点的电路，称为"U_{BE} 扩大电路"。由图可知，当 $I_{B4} \ll I_{R1} = I_{R2}$ 时，有

$$U_{R2} = I_{R2}R_2 = I_{R1}R_2 = \frac{U_{BE4}}{R_1}R_2$$

所以，两功放管基极之间电压为

$$U_{B1B2} = U_{R1} + U_{R2} = U_{BE4} + \frac{U_{BE4}}{R_1}R_2 = U_{BE4}\left(1 + \frac{R_2}{R_1}\right)$$

可见，调节电阻 R_2 就可调节两功放管基极间电压，从而方便地调节两功放管的静态电流。

由于甲乙类功率放大器的静态电流一般很小，与乙类工作状态很接近，因而甲乙类互补对称功率放大器的最大输出功率、效率以及管耗等量的估算均可按乙类电路有关公式进行。

2.2.7　场效应管放大电路

场效应管和晶体三极管一样，根据输入输出回路公共端选择不同，场效应管放大电路分成共源、共漏和共栅三种组态。以下主要介绍共漏放大电路。

2.2.7.1　电路结构及静态工作点

（1）电路结构

如图 2-58 所示为 N 沟道耗尽型绝缘栅场效应管共源放大电路。它与晶体管分压式共射放大电路结构相似，为了使场效应管能够正常工作，必须在栅、源极之间加上适当的偏压，该电路是利用电流在源极电阻上产生的压降来获得偏置电压的，这种电路叫自给偏压电路。各元器件作用分别介绍如下。

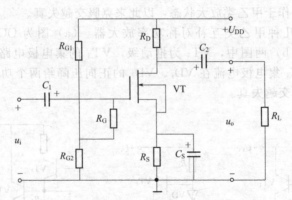

图 2-58　小沟道耗尽型绝缘栅场效应管共源放大电路

① R_{G1}、R_{G2}　栅极分压电阻，使栅极获得合适的工作电压。

② 栅极电阻 R_G　用来提高输入电阻。

③ 漏极输入电阻 R_D　将漏极电阻转换为漏极电压，并影响放大倍数 A_u。

④ 源极电阻 R_S　利用 I_{DQ} 在其上的压降为栅源极提供偏压。

⑤ 旁路电容 C_S　消除 R_S 对交流信号的衰减。

（2）静态工作点

共源电路静态工作点与晶体管静态工作点不完全一样，主要区别是晶体管有基极电流，而场效应管的栅源间电阻极高，根本没有栅极电流流过 R_G。所以，场效应管的栅极对地直流电压 U_G 是由电源电压 U_{DD} 经电阻 R_{G1}、R_{G2} 分压得到的，而场效应管的栅源电压

$$U_{GS} = U_G - U_S = \frac{R_{G2}}{R_{G1} + R_{G2}} U_{DD} - I_D R_S$$

适当选择 R_{G1} 或 R_{G2} 的值，就可使栅极与源极之间获得正、负及零三种偏置电压。接入 R_G 是为了提高放大器的输入电阻，并隔离 R_{G1}、R_{G2} 对交流信号的分流。

静态工作点可用下面方程组联立求解。

$$I_{DQ} = I_{DSS} \times \left(1 - \frac{U_{GS}}{U_{GS(off)}}\right)^2 \tag{2-52}$$

$$U_{GS} = U_G - U_S = \frac{R_{G2}}{R_{G1} + R_{G2}} U_{DD} - I_{DQ} R_S \tag{2-53}$$

$$U_{DSQ} = U_{DD} - I_{DQ}(R_D + R_S) \tag{2-54}$$

2.2.7.2　动态分析

（1）场效应管的微变等效电路

由于场效应管基本没有栅流，输入电阻极高，因此场效应管栅源之间可视为开路。又根据场效应管输出回路的恒流特性，输出回路可等效为一个受 u_{gs} 控制的电流源，即 $i_d = g_m u_{gs}$。如图 2-59 所示为场效应管的微变等效电路，它与晶体管的微变等效电路相比更为简单。

（2）主要性能指标

图 2-60 为图 2-58 所示的分压式共源放大电路的微变等效电路，从图中不难求出 A_u、r_i、r_0 三个动态指标。

① 电压放大倍数

$$A_u = \frac{u_o}{u_i} = \frac{-i_d R_L'}{u_{gs}} = \frac{-g_m u_{gs} R_L'}{u_{gs}} = -g_m R_L' \tag{2-55}$$

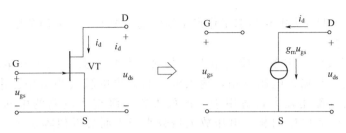

图 2-59　场效应管的微变等效电路

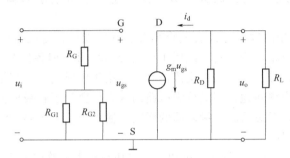

图 2-60　图 2-58 的微变等效电路

式中，$R'_L = R_D // R_L$。

式（2-54）表明，场效应管共源放大电路的电压放大倍数与跨导成正比，且输出电压与输入电压反相。

② 输入电阻

$$r_i = R_G + (R_{G1} // R_{G2})$$

一般 R_G 取值很大，因而场效应管共源放大电路的输入电阻主要由 R_G 决定。

③ 输出电阻

$$r_o \approx R_D$$

可见，场效应管共源放大电路的输出电阻与共射电路相似，由漏极电阻 R_D 决定。

【任务实施】

学生分组讨论扩音器电路的工作原理，完成书面报告。

任务完成指导

在如图 2-26 所示音频放大电路中，VT_1、R_1、R_2、R_5 等构成电压放大电路；而 VT_2、VT_3、VT_4、VT_5 等构成功率放大电路，主要用于给负载（如扬声器）提供足够的驱动功率，通常称为输出级。

【小结】

① 半导体三极管是一种电流控制元件，具有电流放大作用。所谓电流放大作用，实质上是一种能量控制作用。放大作用的实现，必须满足三极管的发射极正向偏置和集电极反向偏置的条件，并且设置合理的静态工作点。

② 分析放大电路的目的一是确定静态工作点，二是计算放大电路的动态性能指标，即电压放大倍数、输入电阻和输出电阻等。主要的分析方法有两种：一是利用放大电路直流通路、交流通路和微变等效电路进行分析和估算，二是利用图解法进行分析和

估算。

③ 温度变化是引起放大电路静态工作点不稳定的主要原因，采用分压式偏置电路是解决这一问题的办法之一。

④ 由晶体管组成的基本单元放大电路有共射、共集和共基三种基本组态。共发射极放大电路输出电压与输入电压反相，输入电阻和输出电阻大小适中。由于它的电压、电流、功率放大倍数都比较大，适用于一般放大或多级放大电路的中间极。共集电极电路的输出电压与输入电压同相，电压放大倍数小于1而且近似等于1，但它具有输入电阻高输出电阻低的特点，多用于多级放大电路的输入级或输出级。共基极放大电路输出电压与输入电压同相，电压放大倍数较高，输入电阻很小而输出电阻比较大，它适用于高频或宽带放大。

⑤ 多级放大电路常用的耦合方式有电容耦合、直接耦合、变压器耦合。电容耦合由于电容隔断了极间的直流通路，所以它只能用于放大交流信号，但各级静态工作点彼此独立。直接耦合可以放大直流信号，也能放大交流信号，适用于集成化。但直接耦合存在各级静态工作点互相影响和零点漂移问题。多级放大电路的放大倍数等于各级放大倍数的乘积，但在计算每一级放大倍数时要考虑前、后级之间的影响。输入电阻等于第一级的输入电阻，输出电阻等于末级的输出电阻。

⑥ 功率放大电路主要用于向负载提供功率。在功率放大电路中提高效率是十分重要的，这不仅可以减小电源的能量消耗，同时对降低功率管管耗、提高功率放大电路工作的可靠性是十分有效的。因此，低频功率放大电路常采用乙类（或甲乙类）工作状态来降低管耗，提高输出功率和效率。甲乙类互补对称功率放大电路由于其电路简单、输出功率大、效率高、频率特性好和适用集成化等优点，而被广泛应用。采用双电源供电、无输出电容的电路简称为 OCL 电路。采用单电源供电，有输出电容的电路简称为 OTL 电路。

⑦ 利用场效应管栅源电压能够控制漏极电流的特点可以实现信号放大。

【自测题】

2.1 填空题（每空 1.5 分，共 30 分）

① 放大电路的输入电压 $U_i = 10\text{mV}$，输出电压 $U_o = 1\text{V}$，该放大电路的电压放大倍数为_____。

② 放大电路的输入电阻越大，放大电路向信号源索取的电流就越_____，输入电压也就越_____；输出电阻越小，负载对输出电压的影响就越_____，放大电路的负载能力就越_____。

③ 共集电极放大电路的输出电压与输入电压_____相，电压放大倍数近似为_____，输入电阻_____，输出电阻_____。

④ 多级放大电路级间耦合方式主要有_____耦合、_____耦合和_____耦合。

⑤ 乙类互补对称功放由_____和_____两种类型晶体管构成，其主要优点是_____。

⑥ 两级放大电路，第一级电压增益为 40dB，第二级电压放大倍数为 10 倍，则两级总电压放大倍数为_____倍，总电压增益为_____。

⑦ 三极管放大电路产生非线性失真的根本原因是三极管属于_____元件，它有_____失真和_____失真两种极端情况，为避免这两种失真，应选择合适的静态工作点。

2.2 选择题（每小题 4 分，共 20 分）

① 测量某放大电路负载开路时输出电压为 3V，接入 2kΩ 的负载后，测得输出电压为

1V，则该放大电路的输出电阻为（　　）kΩ。

  a. 0.5   b. 1.0   c. 2.0   d. 4.0

② 为了获得反向电压放大，则应选用（　　）放大电路。

  a. 共发射极   b. 共集电极   c. 共基极   d. 共栅极

③ 功率放大电路中采用乙类工作状态是为了提高（　　）。

  a. 输出功率   b. 放大器效率   c. 放大倍数   d. 负载能力

④ 共射基本放大电路中集电极电阻 R_C 的作用是（　　）。

  a. 放大电流   b. 调解 I_{BQ}

  c. 将放大后的电流信号转化为电压信号转换   d. 调节 I_{CQ}

⑤ 由两管组成的复合管电路如图 2-61 所示，其中等效为 PNP 型的复合管是（　　）。

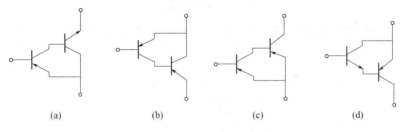

(a)   (b)   (c)   (d)

图 2-61　题 2.2⑤图

2.3　判断题（每小题 2 分，共 10 分）

① 放大电路的输出电阻只与放大电路的负载有关，而与输入信号源内阻无关。（　　）

② 共发射极放大电路由于输出电压与输入电压反相，输入电阻不是很大而且输出电阻又很大，故很少应用。（　　）

③ 乙类互补对称功率放大电路输出功率越大，功率管的损耗也越大，所以放大器效率也越小。（　　）

④ OCL 电路中输入信号越大，交越失真也越大。（　　）

⑤ 直接耦合放大电路中存在零点漂移的主要原因是晶体管参数受温度影响。（　　）

2.4　放大电路如图 2-62 所示，已知晶体管的 $U_{BEQ}=0.7V$，$\beta=99$，$r_{bb'}=200\Omega$，各电容在工作频率上的容抗可略去。试：①求静态工作点 I_{CQ}、U_{CEQ}；②画出放大电路的交流通路和微变等效电路，求 r_{be}；③求电压放大倍数 $A_u=u_o/u_i$ 及输入电阻 R_i、输出电阻 R_o。（12 分）

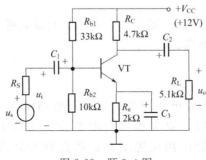

图 2-62　题 2.4 图

2.5　放大电路如图 2-63 所示，试：①说明二极管 VD₁、VD₂ 的作用；②说明晶体管

VT$_1$、VT$_2$ 工作在什么状态；③当 U_{im}＝4V 时，求出输出功率 P_o 的大小。（8 分）

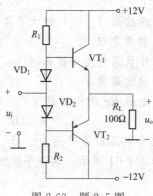

图 2-63　题 2.5 图

2.6　共集电极放大电路如图 2-64 所示，已知晶体管 $\beta=100$，$r_{bb'}=200\Omega$，$U_{BEQ}=0.7V$。

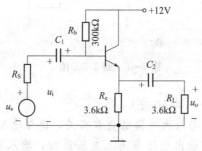

图 2-64　题 2.6 图

试：① 估算静态工作点 I_{CQ}、U_{CEQ}；

② 求 $A_u=u_o/u_i$ 和输入电阻 R_i；

③ 若信号源内阻 R_S＝1kΩ，u_S＝2V，求输出电压 u_o 和输出电阻 R_o 的大小。（20 分）

【任务 2.3】音频放大器电路的组装、调试与故障排除

【任务描述】

　　按图 2-26 所示电路原理图组装、制作一个音频放大器电路，对其输出参数进行测定，对其功能进行检测，确保制作质量。

【任务分析】

　　完成任务的第一步是能看懂电路原理图，弄清电路结构、电路每部分的功能，认识构成电路的各元器件。而后，要会根据给定参数要求选定元器件，会编制工艺流程，具备一定的焊接技能，会使用检测工具，明白检测标准和检测方法，才能较好地完成任务。

　　音频放大电路工作的频率范围为 20～20000Hz，它可以对整个音频范围放大，也可以只放大其中的一部分。音频放大电路一般由两部分组成：一是电压放大电路，主要用于提高信

号的电压以有效驱动功率放大电路，它实际上是一个共发射极放大电路，通常称为前置推动级，图 2-26 中 VT_1、R_1、R_2、R_5 等构成电压放大电路；二是功率放大电路，主要用于给负载（如扬声器）提供足够的驱动功率，通常称为输出级。图 2-26 中 VT_2、VT_3、VT_4、VT_5 等构成功率放大电路。

【知识准备】

2.3.1　工具、材料、器件准备

工具：电烙铁、烙铁架、万用表、镊子、剥线钳，直流稳压电源或 1.5V 干电池 2 节及电池盒等。

材料：焊锡、万能电路板、软导线若干。

器件：元器件清单列表如表 2-3。

表 2-3　音频放大器元件清单列表

元件名称	元件编号	元件参数	元件数量	单位	备　注
中功率半导体三极管	VT_4、VT_5	3DG12C	2	个	
小功率三极管	VT_3	3CG21	1	个	可用 9012 代替
小功率三极管	VT_1、VT_2	3DG6	2	个	可用 9013 代替
电阻	R_1	1kΩ	1	个	
电阻	R_5	100Ω	1	个	
电阻	R_4	390Ω	1	个	
电阻	R_3	1.5kΩ	1	个	
电阻	R_6	2kΩ	1	个	
电阻	R_7、R_8	300Ω	2	个	
电阻	R_9、R_{10}	0.5Ω	2	个	
电位器	R_2	0～100kΩ	1	个	
普通电容	C_1、C_2、C_3	0.1μF	3	个	
普通电容	C_4	10μF	1	个	
普通电容	C_6	2700pF	1	个	
普通电容	C_5	300pF	1	个	
普通电容	C_7	0.47μF	1	个	
扬声器	Y	8Ω	1	个	
万能电路板			1	块	可用洞洞板或印制板
导线			若干		

备注说明：关于三极管三个管脚区分与替代品的确认。

1）直观法确定三极管的三个管脚

圆形——靠近缺口的脚为 E 极，中间为 B 极，另一个为 C 极；半圆形——管脚朝上，

半圆直线面向眼睛，左至右依次为 C、B、E 脚。如图 2-66 所示。

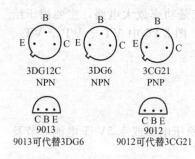

3DG12C　　3DG6　　3CG21
NPN　　　NPN　　　PNP

C B E　　　　C B E
9013　　　　　9012
9013可代替3DG6　　9012可代替3CG21

图 2-65　三极管管脚区分

2）如何寻找某型号三极管的替代品

当在实际中遇到需要某种三极管找不到时，势必寻找替代品。其方法查参数用表，并根据工作环境来确认选择替代品。如图 2-65 所示，9013 代替 3DG6，9012 代替 3CG21，3DG12C 可以用 2SC2060 代替，等等。

2.3.2　音频放大器电路的组装

2.3.2.1　音频放大器电路分析

简述电路原理，绘制方框图，了解电路元件参数估算。

2.3.2.2　音频放大器电路组装

（1）电路元器件布局及安装步骤与要求

① 绘制元器件装配图；

② 根据元器件清单列表，利用工具检测电路元器件；

③ 根据准备的电路板尺寸、插孔间距及装配图，在电路板上进行元器件的布局设计；

④ 对完成了电子元器件布局的电路检查确认无误后，再对元件进行焊接、组装。

（2）电路组装的工艺要求

① 严格按照图纸进行电路安装；

② 所有元件焊装前必须按要求先成型；

③ 要求元件布置美观、整洁、合理；

④ 所有焊点必须光亮、圆润、无毛刺、无虚焊、错焊和漏焊；

⑤ 连接导线应正确、无交叉、走线美观简洁。

2.3.3　音频放大器电路的调试

在音频功率放大器制作完成以后，接下来就是电路的调试。电子电路的调试非常重要，是对电路正确与否及性能指标的检测过程，也是初学者实践技能培养的重要环节。

调试过程是利用符合指标要求的各种电子测量仪器，如示波器、万用表、信号发生器、频率计等，对安装好的电路或电子装置进行调整和测量，以保证电路或装置正常工作。同时，判别其性能的好坏，各项指标是否符合要求等。因此，调试必须按一定的方法和步骤进行。

2.3.3.1　调试的方法与步骤

（1）不通电检查

音频功率放大电路安装完以后不要急于通电，应首先认真检查接线是否正确，包括多线、少线、错线等，尤其是电源线不能接错或接反，以免通电后烧坏电路或元器件。查线的方式有两种：一种是按照电路接线图检查安装电路，在安装好的电路中按电路图一一对照检查连线；另一种方法是按实际线路，对照电路原理图按两个元件接线端之间的连线去向检查。无论哪种方法，在检查中都要对已经检查过的连线做标记，使用万用表检查连线很方便。

（2）直观检查

连线检查完毕后，直观检查电源、地线、信号线、元器件接线端之间有无短路，连线处有无接触不良，二极管、三极管、电解电容等有极性元器件引线端有无错接、反接，如有集成块，检查是否插正确。

（3）通电检查

　　将直流稳压电源调到需要的直流电压加入电路，但暂不接入信号源信号。电源接通之后不要急于测量数据，首先要观察有无异常现象，包括有无冒烟、有无异常气味、触摸元件是否有发烫现象、电源是否短路等。如果出现异常，应立即切断电源，排除故障后方可重新通电。在电路检查正常之后，就可以开始静态参数测试，静态测试一般指在没有外加信号的条件下测试电路各点的电位。如测试模拟电路的静态工作点，数字电路的各输入、输出电平及逻辑关系等。对于音频功率放大电路，可用万用电表对三极管等重要元器件的静态电压进行测量，集电极电流可进行估测，同时判断三极管是否工作在正常状态，并将测量结果记录在表 2-4。

表 2-4　电路静态参数测试结果

静态参数　　　　三极管	VT$_1$	VT$_2$	VT$_3$	VT$_4$
电　　压	$U_{B1}=$　V	$U_{B2}=$　V	$U_{B3}=$　V	$U_{B4}=$　V
电　　压	$U_{C1}=$　V	$U_{C2}=$　V	$U_{C3}=$　V	$U_{C4}=$　V
电　　压	$U_{E1}=$　V	$U_{E2}=$　V	$U_{E3}=$　V	$U_{E4}=$　V
电　　压	$U_{CE1}=$　V	$U_{CE2}=$　V	$U_{CE3}=$　V	$U_{CE4}=$　V
电　　流	$I_{C1}=$　mA	$I_{C2}=$　mA	$I_{C3}=$　mA	$I_{C4}=$　mA
三极管工作状态				

（4）分块检查

　　调试包括测试和调整两个方面。测试是在安装后对电路的参数及工作状态进行测量；调整则是在测试的基础上对电路的结构或参数进行修正，使之满足要求。

　　调试方法有两种：一种是采用边安装边调试的方法，也就是把复杂的电路按原理图上的功能分块进行调试，在分块调试的基础上逐步扩大调试的范围，最后完成整机调试，这种方法称为分块调试。采用这种方法能及时发现问题和解决问题，这是常用的方法，对于新设计的电路更为有效。另一种方法是整个电路安装完毕以后，实行一次性调试。这种方法适用于简单电路或定型产品。这里仅介绍分块调试。

　　分块调试是把电路按功能分成不同的部分，把每个部分看成一个模块进行调试。比较理想的调试程序是按信号的流向进行，这样可以把前面调试过的输出信号作为后一级的输入信号，为最后的联调创造条件。分块调试分为静态调试和动态调试。前面介绍的由分立元件组成的音频功率放大器可以分为推动级（前置级）和带复合管的 OTL 互补对称电路两部分。

（5）动态调试

　　在前面检查均正常的情况下，可以进行动态调试。动态调试可以利用前级的输出信号作为后级的输入信号，也可利用自身的信号来检查电路功能和各种指标是否满足要求，包括信号幅值、波形的形状、相位关系、频率、放大倍数、输出动态范围等。这里主要介绍用电子仪器进行动态调试。常用的电子仪器主要有：低频信号发生器 1 台，直流稳压电源 1 台，示波器 1 台，毫伏表 1 台，万用电表 1 台，另加连接导线若干。调试用电子仪器如表 2-5 所示。表 2-6 为动态参数测试表，表 2-7 为输出波形测量表。

表 2-5　调试用电子仪器一览表

仪器名称	用　　途	量程选择	电路类型	备　　注
直流稳压电源	为电路提供稳定的直流电源	＋24V	分立元件功放电路	
		4～12V	集成功放电路	

续表

仪器名称	用　　途	量程选择	电路类型	备　　注
信号发生器	为放大电路提供 输入信号	5mV～0.5V 50～1000Hz	分立元件功放电路 集成功放电路	
毫伏表	测量放大电路 输出电压	1～10V	分立元件功放电路 集成功放电路	
示波器	测量输入输出波形	可调到适当位置	分立元件功放电路 集成功放电路	
万用表	测量直流电压和电流	可调到适当位置	分立元件功放电路 集成功放电路	

表 2-6　动态参数测试表

u_i(mV)	第一级		总电压放大倍数
	u_{01}(mV)	$A_{u1}=\dfrac{u_{o1}}{u_i}$	$A_u=\dfrac{u_o}{u_i}$
10mV			
0.5V			

表 2-7　输出波形测量表

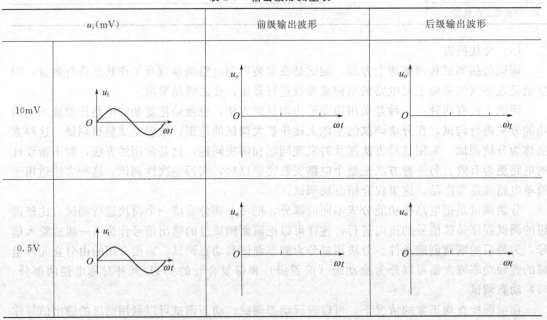

u_i(mV)	前级输出波形	后级输出波形
10mV		
0.5V		

2.3.3.2　调试注意事项

① 测试前要熟悉仪器的使用方法，并对仪器状态进行检查。

② 测试仪器和被测电路应具有良好的共地，即在仪器和电路之间建立一个公共参考点。

③ 测试过程中，不但要认真观察和检测，而且还要认真记录。

④ 出现故障时，要认真分析，先找出故障产生的原因，然后进行处理。

2.3.4　音频放大器排除故障

在电路的制作过程中，出现电路故障常常不可避免。通过分析故障现象、解决故障问题可以提高实践和动手能力。分析和排除故障的过程，就是从故障现象出发，通过反复测试，作出分析判断、逐步找出问题的过程。分析音频放大器的故障，首先要通过对原理图的分析、把整体电路分成不同功能的电路模块，通过逐一测量找出故障所在区域，然后对故障模块区域内部加以测量，进而找出故障并加以排除。

2.3.4.1　调试中常见的故障原因

① 实际制作的电路与原电路图不符。

② 元器件使用不当。

③ 元器件参数不匹配。

④ 误操作等。

2.3.4.2　查找故障的方法

查找故障的通用方法是把合适的信号或某个模块的输出信号引到其他模块上，然后依次对每个模块进行测试，直到找到故障模块为止。查找的顺序可以从输入到输出，也可以从输出到输入。找到故障模块后，要对该模块产生故障的原因进行分析、检查。查找步骤如下。

① 先检查用于测量的仪器是否使用得当。

② 检查安装的电路是否与原电路一致。

③ 检查直流电源电压是否正常。

④ 检查三极管三个极的参考电压是否正常，从而判断三极管是否正常工作或损坏。

⑤ 检查电容、电阻等元器件是否正常。

⑥ 检查反馈回路。此类故障判断是比较困难的，因为它是把输出信号的部分或全部以某种方式送到模块的输入端口，使系统形成一个闭环回路。查找故障需要将反馈回路断开，接入一个合适的输入信号使系统成为一个开环系统，然后再逐一查找发生故障的模块及故障元器件。

以上方法对一般电子电路都适用，但它有一定的盲目性，效率低。对于比较简单的电路或自己非常熟悉的电路，可以采用观察判断法，通过仪器、仪表观察到结果，根据自己的经验，直接判断故障发生的原因和部位，从而准确、迅速地找到故障并加以排除。

【小结】

① 音频放大器电路的组装关键问题是看懂电路原理图，能正确进行电路元器件的型号、参数、端子识别与检测，会在给定电路板上规范地进行元器件组装前的布局设计。

② 音频放大器电路安装顺序是先小元件后大元件，先次要元件，后主要元件，一些容易受静电损伤的半导体器件要最后安装；最后才来连通走线。

③ 音频放大器的调试非常重要，调试的好与坏直接影响放大电路的质量。

④ 分析音频放大器的故障，首先要通过对原理图的分析，把整体电路分成不同功能的电路模块，通过逐一测量找出故障所在区域，然后对故障模块区域内部加以测量，进而找出故障并加以排除。

【自我评估】

（1）评价方式

① 小组内自我评价：由小组长组织组员对光控式防盗报警器组装、制作完成过程与作品进行评价，每个组员必须陈述自己在任务完成过程中所做贡献或起的作用、体会与收获，并递交不少于500字的书面报告。小组长根据组员自我评价及作品完成过程中实际工作情况给组员评分。

② 小组互评和教师评价：通过小组作品展示、陈述汇报及平时的过程考核，对小组进行评分。

③ 小组得分＝小组自我评价（30％）＋互评（30％）＋教师评价（40％）。

④ 评价内容及标准如表2-8所示。

表 2-8 评价内容及标准

分项	评价内容	权重/%	得 分
学习态度 (30%)	出满勤(缺勤扣 6 分/次,迟到、早退 3 分/次)	30	
	积极主动完成制作任务,态度好	30	
	提交 500 字的书面报告,报告 语句通顺,描述正确	20	
	团结协作精神好	20	
电路安装与调试 (60%)	熟悉音频功率放大电路工作原理	10	
	会判断元器件好坏	10	
	电路元器件安装正确、美观	30	
	会对电路进行调试,并记录静态参数	30	
	作品达到预期效果	20	
完成报告 (10%)	报告规范,内容正确,2000 字以上	50	
	字迹工整,图文并茂	50	
	陈述汇报思路清晰,小组成员配合好	40	

（2）项目报告书要求

① 项目目的；

② 项目使用仪器清单；

③ 画出项目电路原理图，标明元件数值，并列出元器件清单；

④ 画出项目电路接线工艺图，尝试绘制印制板图；

⑤ 列出制作装配过程及顺序；

⑥ 测试结果分析；

⑦ 心得体会。

【成果展示】

作品制作、调试完成以后，每个小组派代表对本组制作的作品进行展示。展示过程为：先用 PPT 课件进行制作情况介绍，时间通常控制在 5～8 分钟之内，其他同学可进行补充介绍。然后进行作品加电检查，加电检查正常后，可加入音频信号试听音响效果。

接着小组之间进行质疑，并当场解答其他组学生的提问和疑问。

最后，由指导教师进行点评、小结。

【思考与练习】

根据自己对各种防盗报警器制作了解情况，设计一个实用的报警电路，如震动式防盗报警器，断线式防盗报警器，接触式防盗报警器等装置，可画出电路设计草图，也可制作成实物，能工作、有效果给予奖励加分。

项目3 信号发生器电路的组装、调试与故障排除

凡是产生测试信号的仪器均称为信号发生器，又称信号源。它是根据用户对其波形的命令来产生信号的电子仪器。信号发生器主要是给被测电路提供所需要的已知信号（各种波形），然后用其他仪表测量感兴趣的参数。因此，信号发生器在电子实验和测试处理中，并不测量任何参数，而是根据使用者的要求，仿真各种测试信号，提供给被测电路，以达到测试的需要。

信号发生器有很多种分类方法，其中一种方法可分为混合信号发生器和逻辑信号发生器两种。其中，混合信号发生器主要输出模拟波形，逻辑信号发生器输出数字码形。混合信号发生器又可分为函数信号发生器和任意波形/函数发生器。函数信号发生器输出标准波形，如正弦波、方波等，任意波/函数发生器输出用户自定义的任意波形；逻辑信号发生器又可分为脉冲信号发生器和码型发生器。脉冲信号发生器驱动较小个数的方波或脉冲波输出，码型发生器生成许多通道的数字码型。如泰克生产的AFG3000系列就包括函数信号发生器、任意波形/函数信号发生器、脉冲信号发生器的功能。另外，信号发生器还可以按照输出信号的类型分类，如射频信号发生器、扫描信号发生器、频率合成器、噪声信号发生器、脉冲信号发生器等。信号发生器也可以按照使用频段分类，不同频段的信号发生器对应不同应用领域。

【学习目标】

学生在教师的指导下完成项目三的学习任务以后，弄清信号发生器的基本组成和工作原理，会制作简单的信号发生器，并能进行参数测试和故障排除。具体要求如下。

知识目标： 明白正弦波振荡电路的组成、分类与特点及产生自激振荡的条件；弄清反馈、正反馈与负反馈的基本概念，熟悉负反馈对放大器性能的影响；掌握集成运算放大器符号及主要参数，了解集成运算放大器的组成及其特点；熟悉反相比例运算、同相比例运算，加减运算、积分运算及微分运算等电路的结构。熟悉电压比较器的概念，单限、滞回电压比较器的构成、特点。

技能目标： 会计算正弦振荡电路的振荡频率和判断起振条件；会测试RC和LC振荡电路频率、波形，并能进行调整；会判断负反馈的类型；会计算、分析理想运算放大器模型及运算放大器在线性区和非线性区的工作特点；会选用运算放大器；会制作简单的信号发生器，并能进行参数测试和故障排除。

态度目标： 培养自主学习的习惯，具备通过听课、查阅资料、上网搜索等收集信息的能力；培养严谨细致的工作作风，具备对电子电路现象仔细观察、善于分析的习惯；培养团队合作精神，具备与人沟通和协调的能力；养成及时总结、汇报的习惯，具备一般文字组织和产品说明书的编写能力。

【任务 3.1】正弦波振荡电路的认识

【任务描述】

给定的一个低频信号发生器中的振荡部分电路图及相关参数，要求指出振荡电路的组成元件及反馈网络，说出其中反馈网络及振荡电路的类型，计算电路振荡频率。并根据振荡电路的频率要求选择电路元件。

【任务分析】

顺利完成此任务，首先要建立振荡电路和电路反馈的概念，学习正弦波振荡电路组成与类型、反馈及正、负反馈的作用和判断方法，在教师引导下，会分析正弦波振荡电路的工作原理及产生振荡需满足的条件。通过进行振荡电路频率计算和根据需要选择振荡电路元件的训练等，能看懂信号发生器中的振荡电路结构，分析选取的振荡电路类型及工作原理，判断是否满足振荡的条件和计算相关参数。

【知识准备】

3.1.1　电路中的反馈

3.1.1.1　反馈的基本概念

反馈是将放大电路输出信号（电压或电流）的一部分或全部通过一定的方式回送到放

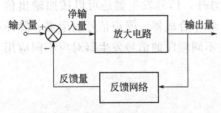

图 3-1　反馈放大电路的方框图

大电路的输入端的过程。反馈放大电路有闭环和开环两种：由基本放大电路和反馈电路两部分构成的放大电路称为闭环放大电路。基本组成方框图如图 3-1 所示。带箭头的实线表示信号流通方向，符号 ⊗ 代表信号比较环节。反馈量为输出量通过反馈网络回送到输入回路的信号，而放大电路所获得的信号是输入量与反馈量比较的结果，称为净输入量。而未引入反馈的放大电路称为开环放大电路。开环放大电路性能不够完善，实际应用中很少采用。

3.1.1.2　反馈的类型及判断方法

（1）正反馈与负反馈

根据反馈的极性来分，可以分为两类：正反馈和负反馈。反馈使放大器的净输入量增强的是正反馈，而使放大器的净输入量削弱的则是负反馈。通常采用"电压瞬时极性法"来判断反馈的极性（正、负反馈），即判断同一瞬间各交流量的相对极性。其步骤如下。

① 先假定输入信号的极性（相对地，下同），根据放大电路各点的相位关系，逐级判断放大电路各点上该瞬时电压极性，用符号 ⊕ 和 ⊖ 表示。

② 由反馈量在输入端连接方式，看反馈信号对输入信号的影响是增强还是削弱来判断反馈极性：反馈使放大器净输入量增强时是正反馈；使放大器净输入量减弱时是负反馈。对串联反馈，输入信号和反馈信号的极性相同时，是负反馈；极性相反时，是正反馈；对并联反馈，净输入电流等于输入电流和反馈电流之差时，是负反馈；否则是正反馈。

（2）直流反馈和交流反馈

放大电路是交、直流并存的电路。那么，如果反馈回来的信号是直流成分，称为直流反馈；如果反馈回来的信号是交流成分，则称为交流反馈。例如在图 3-5 电路中，级间反馈支路是 R_{e1}、R_f，反馈直接从输出交流电压端引出，因此反馈信号是交流量，故为交流反馈。

（3）电压反馈和电流反馈

根据反馈信号从输出端取样对象来分类，可以分为电压反馈和电流反馈。如果反馈信号取自输出电压，即反馈信号与输出电压成正比，称为电压反馈；如果反馈信号取自输出电流，即反馈信号与输出电流成正比，则称为电流反馈。

由于反馈量与取样对象有关，因此可用如下方法来判断。可设想将放大器的输出电压短路（一般可将 R_L 短接），此时如果使得反馈量为零，就是电压反馈。如果反馈量依然存在，就是电流反馈。

（4）串联反馈和并联反馈

根据反馈信号与外加输入信号在放大电路输入端的连接方式，可以分为串联反馈和并联反馈。其反馈信号和输入信号是串联的反馈称为串联反馈；其反馈信号和输入信号是并联的反馈称为并联反馈。因此，也可以从电路结构上来判断：串联反馈是输入信号与反馈信号加在放大器不同的输入端上；并联反馈则是两者并接在同一个输入端上。

3.1.1.3　电路反馈类型判断训练示例

训练示例 1　判断图 3-2 电路的反馈极性。

解答参考　首先判断有无反馈。图 3-2 所示电路中输出端和输入端通过 R_f 联系起来，存在反馈。然后用电压瞬时极性法判断其反馈极性，方法如下：先将反馈支路在适当的地方断开（一般在反馈支路与输入回路的连接处断开），用"×"表示。再假定输入信号电压对地瞬时极性为正，在图中用"⊕"表示。这个电压使同相输入端的电压 U_+ 瞬时极性为正。由于输出端与同相输入端的极性相同，所以此时输出电压 U_o 的瞬时极性为正，故标"⊕"。输出的这个电压通过反馈支路 R_f 传到断点处也是正极性，所以，若将反馈支路断点连上，则会使得反相输入端的电压 U_- 瞬时极性为正。由于净输入电压 $U_i'=U_+-U_-$，可见 U_- 的正极性会使净输入电压 U_i' 减小，因此这个反馈是负反馈。

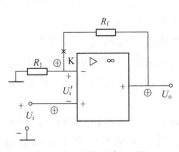

图 3-2　训练示例 1 图

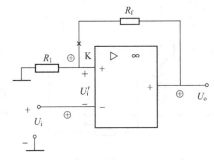

图 3-3　训练示例 2 图

训练示例 2　将图 3-2 电路中的集成运算放大器同相端与反相端调换，调换后的电路如图 3-3 所示，试判断反馈极性。

解答参考　图 3-3 电路也用同样的方法分析。在 K 点处断开反馈支路后，再假定 u_i 为 ⊕，由于输出端与反相输入端的信号极性是相反的，所以输出 u_o 应该为 ⊖。通过 R_f 传到断点处也是 ⊖，所以若将反馈连上，则会使得 u_+ 端为负极性，这个极性使净输入量 u_i' 增大，因此，这个电路的反馈是正反馈。

训练示例 3　指出图 3-4 电路中的反馈元件，并判断反馈极性。

解答参考　图中，R_2 连接运算放大器 A_1 的输入回路和输出回路，是 A_1 本级反馈元

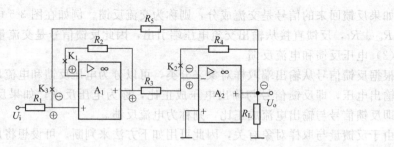

图 3-4　训练示例 3 图

件。同理，R_4 是 A_2 的本级反馈元件。R_5 连接 A_1 的输入回路与 A_2 的输出回路，是级间反馈元件。因此，电路存在三个反馈回路。

用瞬时极性法判断：先假设输入信号的瞬时极性为正，沿闭环系统，标出放大电路各级输入和输出的瞬时极性（见图中标示），最后将反馈信号的瞬时极性和输入信号的瞬时极性相比较，得出 R_2 和 R_4 均为本级负反馈，R_5 为级间负反馈。

归纳得出如下结论：对于由运算放大器组成的反馈电路，在判断本级反馈的极性时，若反馈通路接回到反相输入端则为负反馈；接回到同相输入端则为正反馈。

训练示例 4　判断图 3-5 电路的反馈极性。

解答参考　判断过程的瞬时极性如图中所标。u_i 经两级放大后再经反馈支路 R_f 回送到输入回路产生反馈电压 u_{e1}。由图可见，u_i 和 u_{e1} 同相，则净输入电压 $u_{be1} = u_i - u_{e1}$，使净输入电压减小，因此是负反馈。

归纳得出如下判别方法：如果两个信号（输入信号与反馈信号）加到输入级的同一个电极上（如基极上），则两者极性相反者为负反馈，相同者为正反馈；如果两个信号加到输入级的两个不同的电极上，则两者极性相同者为负反馈，相反者为正反馈。

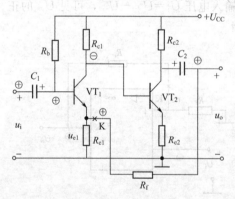

图 3-5　训练示例 4 图

训练示例 5　试判断图 3-5 电路是电压反馈还是电流反馈？

解答参考　判断方法一：将输出电压短路，由图 3-5 可见，输出端接地，这样反馈支路也接地，反馈量为零。因此这个反馈是电压反馈。

判断方法二：由图 3-5 可见，反馈支路直接接在输出电压端，反馈信号与输出电压成正比，故为电压负反馈。

归纳得出如下方法：反馈电路直接从输出端引出的，是电压反馈；从负载电阻 R_L 的靠近"地"端引出的，是电流反馈。

训练示例 6　试判断图 3-2 所示电路是串联反馈还是并联反馈？

解答参考　如图 3-2 所示电路中，$U_i' = U_+ - U_-$，即反馈信号与输入信号是串联关系，因此是串联反馈。如果从电路结构上来判断，输入信号与反馈信号加在放大器的不同输入端上，也可判断为串联反馈。

归纳得出如下方法：输入信号和反馈信号分别加在两个输入端（同相和反相）上的，是串联反馈；加在同一个输入端（同相或反相）上的，是并联反馈；对于分立元件组成的共发射极放大电路来说，有如下的判别口诀："集出为压，射出为流，基入为并，射入为串。"即：从集电极引出反馈为电压反馈，从射极引出反馈为电流反馈，反馈到基极为并联反馈，反馈到发射极为串联反馈。而共集电极电路为典型的电压串联负反馈。

正反馈虽然能使放大器净输入量增加，即放大倍数增大，但随之而来的是放大器其他性能变差，最终使放大器失去放大作用，因此，一般不采用正反馈。负反馈虽使放大器净输入量削弱，即放大倍数减小，但却能使放大器其他性能变好，因此负反馈在放大器中得到广泛应用。由于直流负反馈仅能稳定直流量，即稳定静态工作点，在此不做过多讨论。对交流负反馈而言，综合输出端取样对象的不同和输入端的不同接法，可以组成电压串联负反馈、电压并联负反馈、电流串联负反馈和电流并联负反馈四种类型的负反馈。

3.1.1.4　反馈的一般表示法

由以上分析可知，反馈放大器由基本放大电路和反馈网络两部分组成。如果用 $\dot A$ 表示基本放大电路的放大倍数，$\dot F$ 表示反馈网络的反馈系数，$\dot X_i$、$\dot X_i'$、$\dot X_o$ 和 $\dot X_f$ 分别表示放大电路的输入信号、净输入信号、输出信号和反馈信号，则反馈放大器的组成框图如图 3-6 所示。假设信号频率都处在中频段，同时为了表

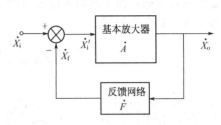

图 3-6　反馈放大器的方框图

达式的简明，$\dot X_i$、$\dot X_i'$、$\dot X_o$ 和 $\dot X_f$ 均用有效值表示，$\dot A$ 和 $\dot F$ 用实数表示。

由图 3-6 方框图可得出一组反馈电路的基本关系式：

开环放大倍数
$$A=\frac{X_o}{X_i'} \tag{3-1}$$

反馈系数
$$F=\frac{X_f}{X_o} \tag{3-2}$$

闭环放大倍数
$$A_f=\frac{X_o}{X_i}=\frac{X_o}{X_i'+X_f}=\frac{AX_i'}{X_i'+X_oF}=\frac{AX_i'}{X_i'+X_i'AF}=\frac{A}{1+AF} \tag{3-3}$$

式(3-3)中，$1+AF$ 称为反馈深度，当 $1+AF\gg1$ 时，称深度负反馈。此时有

$$A_f=\frac{A}{1+AF}\approx\frac{A}{AF}=\frac{1}{F} \tag{3-4}$$

可见，在深度负反馈情况下，闭环放大倍数 A_f 仅取决于反馈系数 F 的值。一般来说，反馈系数 F 的值比较稳定，因此闭环放大倍数 A_f 也比较稳定。另外，在深度负反馈情况下，由于净输入量很小，因而有 $X_i\approx X_f$。

3.1.1.5　负反馈对放大器性能的影响

（1）降低了放大倍数

由式 $A_f=\dfrac{A}{1+AF}$ 可知，引入负反馈后，由于 $(1+AF)>1$，故 $A_f<A$。即闭环放大倍数减小到只有开环放大倍数的 $\dfrac{1}{1+AF}$。

（2）提高了放大倍数的稳定性

对闭环放大倍数的表达式进行微分得

$$\frac{dA_f}{dA}=\frac{1}{1+AF}-\frac{AF}{(1+AF)^2}=\frac{1}{(1+AF)^2}$$

即
$$dA_f=\frac{1}{(1+AF)^2}dA$$

所以
$$\frac{dA_f}{A_f}=\frac{1}{1+AF}\times\frac{dA}{A} \tag{3-5}$$

可见，闭环放大倍数的相对变化量，只有开环放大倍数相对变化量的 $\dfrac{1}{1+AF}$，即放大倍数的稳定性提高了（$1+AF$）倍。

（3）减小非线性失真以及抑制干扰和噪声

由于三极管是非线性器件，如果放大器的静态工作点选得不合适，输出信号波形将产生饱和失真或截止失真，即非线性失真。这种失真可以利用负反馈来改善，其原理是利用负反馈造成一个预失真的波形来进行矫正，如图 3-7 所示。无负反馈时的输出波形正半周幅度大，负半周幅度小。引入负反馈后，反馈信号波形也是正半周幅度大，负半周幅度小。将其回送到输入回路，由于净输入信号 $X_i'=X_i-X_f$，和无反馈时的输出波形正好相反，从而使输出波形失真获得补偿。

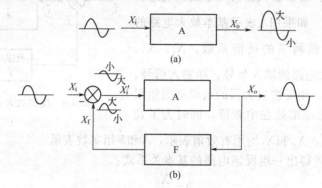

图 3-7   负反馈改善非线性失真示意图

同样道理，负反馈可以减小由于放大器本身所产生的干扰和噪声。但对随输入信号同时加入的（或者说输入信号本身就失真）干扰和噪声没有作用。总之，负反馈只能抑制反馈环内的干扰和噪声。

（4）扩展通频带

由放大器的频率特性可知，对于阻容耦合放大器来讲，放大倍数在高频区和低频区都要下降，并且规定当放大倍数下降到 $0.707A_{um}$ 时，所对应的两个频率分别称为下限频率 f_L 和上限频率 f_h，这两个频率之间的频率范围称为放大器的通频带，用 BW 表示，即 $BW=f_h-f_L$。通频带越宽，表示放大器工作的频率范围越宽。特别是引入负反馈以后，虽然放大器的放大倍数下降了，但通频带却加宽了。如图 3-8 所示。

理论证明，放大器的"增益带宽积等于常数"。设放大器的开环放大倍数为 A，闭环放大倍数为 A_f，开环带宽为 BW，闭环带宽为 BW_f，则

$$A_f BW_f=ABW$$

所以 $BW_f=\dfrac{A}{A_f}\times BW=\dfrac{A}{\dfrac{A}{1+AF}}\times BW=(1+AF)BW$

即 $$BW_f=(1+AF)BW \qquad (3-6)$$

可见，负反馈使放大器通频带展宽（$1+AF$）倍。

（5）改变输入电阻和输出电阻

在放大电路中引入不同方式的负反馈，将对输入电阻和输出电阻产生不同的影响。

① 对输入电阻的影响   输入电阻是从输入端看进去的等效电阻，因此，输入电阻的变化仅决定

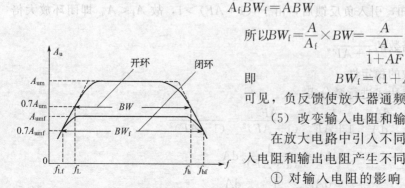

图 3-8   开环与闭环的幅频特性

于反馈网络与输入端的连接方式，而与输出端的取样方式无关。分析证明：

凡是串联负反馈，都能使输入电阻提高，即 $R_{if} > R_i$；

凡是并联负反馈，都能使输入电阻降低，即 $R_{if} < R_i$。

R_i 为无反馈时放大电路的输入电阻，称为开环输入电阻；R_{if} 为引入负反馈后放大电路的输入电阻，称为闭环输入电阻。

② 对输出电阻的影响　放大电路的输出电阻，是从其输出端看进去的等效电阻。负反馈对输出电阻的影响，决定于反馈网络在输出端的取样对象，而与输入端连接方式无关。分析证明：

凡是电压负反馈，都能稳定输出电压，使输出电阻降低，即 $R_{of} < R_o$；

凡是电流负反馈，都能稳定输出电流，使输出电阻增大，即 $R_{of} > R_o$。

R_o 为无反馈时放大电路的输出电阻，称为开环输出电阻；R_{of} 为引入负反馈后的输出电阻，称为闭环输出电阻。

负反馈对输入、输出电阻的影响如表 3-1 所示。

表 3-1　负反馈对 R_i、R_o 的影响

反馈类型	开环电阻	闭环电阻	反馈类型	开环电阻	闭环电阻
串联负反馈	R_i	$(1+AF)R_i$	电流负反馈	R_o	$(1+AF)R_o$
并联负反馈	R_i	$(1+AF)^{-1}R_i$	电压负反馈	R_o	$(1+AF)^{-1}R_o$

3.1.1.6　应用实例分析——反馈式音调控制器

如图 3-9 所示，R_1、R_2、C_1 组成低音音调控制器；而 R_3、R_4、C_3 组成高音音调控制器。实际上是电压并联负反馈的应用电路。

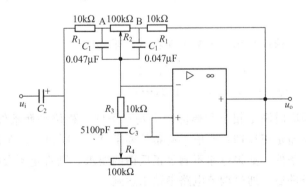

图 3-9　反馈式音调控制器

先考虑在频率很低的情况，此时 C_1、C_3 相当于开路，因此，高音音调控制器不起作用，低音音调控制器能起作用，当 R_2 动触点在 A 点时，输入电阻为 R_1，反馈电阻为 R_1+R_2；而当 R_2 动点在 B 点时，输入电阻为 R_1+R_2，反馈电阻为 R_1。可见电位器 R_2 能调节输出的低音放大倍数和音量。当频率逐渐上升时，C_1 开始起作用，C_1 对 R_2 起旁路作用。当频率上升到使 C_1 的容抗已将 R_2 短路时，电位器 R_2 就不起作用。所以电位器 R_2 只能对低音的输出音量起控制作用。

再考虑频率很高的情况，此时，C_1、C_3 相当于短路，因此，低音音调控制器无调节作用，高音音调控制器能起调节作用。电位器 R_4 能调节输出的高音音量。

3.1.1.7　负反馈放大电路的自激振荡

（1）什么是自激振荡

一个放大器只要接通电源，若在没有输入信号的情况下，在示波器上观察到其输出端有

频率很高的稳定的正弦波信号输出，这种现象称为放大器的自激振荡，简称"自激"。自激现象破坏了放大器的正常工作，因此是有害的，应当消除。

（2）产生自激振荡的条件

在负反馈放大器的中频区，反馈信号$\dot{X}_f$与输入信号$\dot{X}_i$是反相的。然而在放大器的高频区和低频区，基本放大器$\dot{A}$和反馈网络$\dot{F}$都会产生附加相移。如果其总的附加相移达到180°，那么，反馈信号$\dot{X}_f$与输入信号$\dot{X}_i$就变为同相，原来的负反馈就变成正反馈，于是电路就产生自激振荡。

（3）消除自激振荡的方法

常用的消除自激振荡的方法是在放大器中的适当位置加上 RC 网络，以破坏其产生自激的条件，从而达到消除自激的目的。

3.1.2 正弦波振荡电路的类型与工作原理

3.1.2.1 正反馈与自激振荡

（1）自激条件

若将图 3-6 中的$\dot{X}_f$的极性由"－"改成"＋"，则净输入信号变成$\dot{X}_i' = \dot{X}_i + \dot{X}_f$，这样，

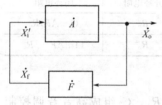

图 3-10　自激振荡器方框图

就成为正反馈放大器。如果$\dot{X}_f$足够大，则可以实现在没有输入（$\dot{X}_i = 0$）时，保持有稳定的输出信号，即产生自激振荡。这种不需要外部输入，靠自身电刺激和正反馈引起输出的现象，称自激振荡。自激振荡器方框图如图 3-10 所示。

自激时，由图 3-10 可得$\dot{X}_f = \dot{F}\dot{X}_o$，$\dot{X}_o = \dot{A}\dot{X}_i'$，在稳定振荡时，$\dot{X}_f = \dot{X}_i'$，所以产生正弦波振荡的条件是

$$\dot{A}\dot{F} = 1 \tag{3-7}$$

上式可以分别用幅度平衡条件和相位平衡条件表示，即

幅度平衡条件 $\qquad\qquad |\dot{A}\dot{F}| = 1 \tag{3-8}$

相位平衡条件 $\quad \varphi_A + \varphi_F = 2n\pi \quad (n = 0, 1, 2, \cdots) \tag{3-9}$

产生自激振荡必须同时满足相位和幅值两个基本条件。相位平衡条件指的是$\dot{X}_f$与$\dot{X}_i'$必须同相位，就是要求反馈是正反馈；幅值平衡条件要求X_f与X_i'相等。在自激振荡的两个条件中，关键是相位平衡条件，如果电路不满足正反馈的要求，则肯定不会振荡。至于幅值条件，可以在满足相位条件后，通过调节电路参数来达到。

（2）振荡的建立

欲使一个振荡电路能自行建立振荡，就必须满足$|\dot{A}\dot{F}| > 1$的条件。这样，在接通电源后，振荡电路就有可能自行起振，或者说能够自激，最后趋于稳态平衡。振荡的建立过程：在电路接通电源后，各种电扰动形成微弱激励信号$\longrightarrow$放大$\longrightarrow$选频$\longrightarrow$正反馈$\longrightarrow$再放大$\longrightarrow$再选频$\longrightarrow$再正反馈……$\longrightarrow$振荡器输出电压增大$\longrightarrow$器件进入非线性区$\longrightarrow$限幅$\longrightarrow$稳幅振荡（$|\dot{A}\dot{F}| = 1$）。这个由小到大逐步建立起稳幅振荡的过程是非常短暂的。

从振荡条件分析中可知，振荡电路是由放大电路和反馈网络两大主要部分组成的一个闭环系统。电路要得到单一频率的正弦波，必须具有选频特性，即只使某一特定频率的正弦波满足振荡条件，电路还应包含选频网络。要稳定振荡电路的输出信号幅值，又必须加上稳幅电路。因此，自激振荡电路包含放大电路、正反馈网络、选频网络和稳压电路四个部分。

根据选频网络的不同，正弦波振荡器可分为 LC 振荡器、RC 振荡器以及石英晶体振荡器。

3.1.2.2 LC 正弦波振荡器

下面介绍变压器反馈式 LC 振荡器。

① 电路形式　图 3-11 所示是一典型的变压器反馈式 LC 正弦波振荡电路的原理图。它的基本部分是一个分压偏置的共射放大电路，只是集电极负载由以前的 R_c 换成现在的 LC 并联电路，放大电路没有外加的输入信号，而是由变压器耦合取得的反馈电压 $\dot{U}_f$ 来提供。由于 LC 并联电路谐振时呈纯阻性，而 C_b、C_e 分别是耦合电容和旁路电容，对振荡频率信号可视为短路。因此，在 $f = f_0$（谐振频率）时，三极管的集电极输出电压信号与基极输入电压信号相位仍相差 $180°$。

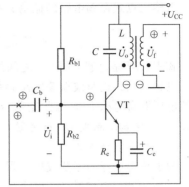

图 3-11　变压器反馈式 LC 振荡器

② 振荡条件的分析　在图 3-11 所示电路中，输出电压 $\dot{U}_o$ 经过变压器后得到反馈电压 $\dot{U}_f$，并反馈到输入回路。由图中的同名端可见，反馈电压 $\dot{U}_f$ 与 $\dot{U}_c$ 反相，与 $\dot{U}_i$ 同相，满足正弦波振荡的相位平衡条件。对于幅值条件，只要适当选择反馈线圈的匝数，使 U_f 较大。或者选配适当的电路参数（如三极管的 β），使放大电路具有足够的放大倍数，一般来说起振条件比较容易满足。

③ 振荡频率及稳幅措施　由于只有当 LC 并联回路谐振时，电路才满足振荡的相位平衡条件。所以，变压器反馈式振荡电路的振荡频率为

$$f_0 \approx \frac{1}{2\pi\sqrt{LC}} \tag{3-10}$$

至于稳幅，图 3-11 所示是利用三极管的非线性实现的。当电路起振后，振荡幅度将不断增大，三极管逐渐进入非线性区，放大电路的电压放大倍数 $|\dot{A}|$ 将随 $U_i = U_f$ 的增加而下降，限制了 U_o 的继续增大，最终使电路进入稳幅振荡。

变压器反馈式 LC 振荡器便于实现阻抗匹配，容易起振，且调节频率方便。

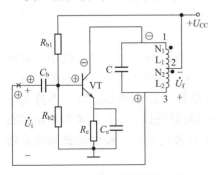

图 3-12　电感三点式振荡电路

3.1.2.3 电感三点式 LC 振荡器

（1）电路形式

在实际电路中，为了避免变压器同名端容易搞错的问题，也为了制造简便，采取了自耦形式的接法，如图 3-12 所示。由于电感 L_1 和 L_2 引出三个端点，并且电感的三个端子分别与三极管三个电极相连接（指在交流通路中连接），所以通常称为电感三点式 LC 振荡电路。电感三点式振荡电路又称哈特莱（Hartley）振荡电路。

（2）振荡条件的分析

首先分析电路是否满足相位平衡条件。对于 LC 并联电路的谐振频率 f_0 而言，电感的首端、中间抽头、尾端三点中若有一点交流接地，则三个端点的相位关系有以下两种情况。

① 若电感的中间抽头交流接地，则首端与尾端的相位相反。

② 若电感的首端或尾端交流接地，则电感其他两个端点的相位相同。

由上可知，图 3-12 中 2 端交流接地，则电感 1、3 端相位相反。利用瞬时极性法，可判断出反馈电压 $\dot{U}_f$ 与放大电路的输入电压 $\dot{U}_i$ 同相，满足自激振荡的相位平衡条件。

关于幅值条件，只要使放大电路有足够的电压放大倍数，且适当选择 L_1 及 L_2 两段线圈的匝数比，即改变 L_1 和 L_2 电感量的比值，就可获得足够大的反馈电压 $\dot{U}_f$，从而使幅度条件得到满足。

（3）振荡频率及电路特点

电感三点式振荡电路的振荡频率基本上等于 LC 并联回路的谐振频率，即

$$f_0 \approx \frac{1}{2\pi \sqrt{LC}} = \frac{1}{2\pi \sqrt{(L_1+L_2+2M)C}} \tag{3-11}$$

式中，M 是电感 L_1 和 L_2 之间的互感；$L=L_1+L_2+2M$，为回路的等效电感。

电感三点式正弦波振荡电路容易起振，并且采用可变电容器调节频率方便。但由于它的反馈电压取自电感 L_2，因此振荡器的输出波形较差。

3.1.2.4 电容三点式 LC 振荡器

（1）基本电路形式

为了获得良好的振荡波形，可采用图 3-13 所示电容三点式 LC 振荡电路。由于图中 LC

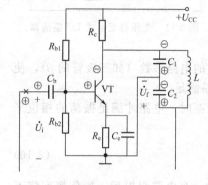

图 3-13 电容三点式振荡电路

振荡回路电容 C_1 和 C_2 的三个端子和三极管的三个电极相连接，故称为电容三点式电路，又称考尔皮兹（Colpitts）振荡电路。

电容三点式和电感三点式一样，都具有 LC 并联回路，因此，电容 C_1、C_2 中的三个端点的相位关系与电感三点式也相似。同样利用瞬时极性法可判断出电路属于正反馈，满足振荡的相位平衡条件。至于幅值条件，只要将管子的 β 值选得大一些（例如几十倍），并恰当选取比值 C_2/C_1（一般取 $C_2/C_1 = 0.01 \sim 0.5$），就有利于起振。

（2）振荡频率及电路特点

电路的振荡频率为

$$f_0 = \frac{1}{2\pi \sqrt{LC}} = \frac{1}{2\pi \sqrt{L \dfrac{C_1 C_2}{C_1+C_2}}} \tag{3-12}$$

这种电路的特点是，由于反馈电压取自电容 C_2 两端，电容对高次谐波的容抗小，因而可将高次谐波滤掉，所以输出波形好。调节频率时要求 C_1、C_2 同时可变，否则影响幅值条件，这在使用上不方便，因而在谐振回路中将一可调电容并联于 L 的两端，可在小范围内调频。这种振荡电路的工作频率范围可从数百千赫兹到一百兆赫兹以上。它通常用在调幅和调频接收机中。但是，由于该电路振荡频率较高，C_1、C_2 通常较小，三极管的极间电容随温度等因素变化，对振荡频率的稳定性有一定的影响。

（3）电路的改进

为了保持电路振荡频率高的特点，同时又具有较高的稳定性。通常在电感 L 支路中串联一个小电容 C_3，构成图 3-14 所示的电容三点式改进型振荡电路，又称克莱普（Clapp）振荡电路。其振荡频率为

$$f_0 \approx \frac{1}{2\pi \sqrt{L \dfrac{1}{\dfrac{1}{C_1} + \dfrac{1}{C_2} + \dfrac{1}{C_3}}}} \tag{3-13}$$

为了减小三极管极间电容的变化对振荡频率的影响，通常 $C_1 \gg C_3$，且 $C_2 \gg C_3$。因此上式可近似为

$$f_0 \approx \frac{1}{2\pi\sqrt{LC_3}} \qquad (3\text{-}14)$$

训练示例 7　试用相位平衡条件判断图 3-15（a）电路能否产生正弦波振荡？若能振荡，试计算其振荡频率 f_0，并指出它属于哪种类型的振荡电路。

参考解答　① 从图中可以看出，C_1、C_2、L 组成并联谐振回路，且反馈电压取自电容 C_1 两端。由于 C_b 和 C_e 数值较大，对于高频振荡信号可视为短路。它的交流通路如图 3-15（b）所示。根据交流通路，用瞬时极性法判断，可知反馈电压和放大电路输入电压极性相同，满

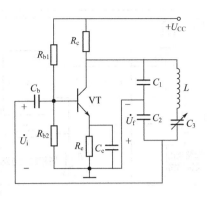

图 3-14　改进型电容三点式振荡电路

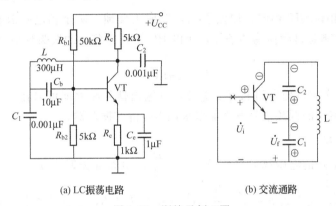

(a) LC振荡电路　　　　(b) 交流通路

图 3-15　训练示例 7 图

足相位平衡条件，可以产生振荡。

② 振荡频率为

$$f_0 = \frac{1}{2\pi\sqrt{L\dfrac{C_1 C_2}{C_1 + C_2}}} = \frac{1}{2\pi\sqrt{300\times10^{-6}\times\dfrac{0.001\times10^{-6}\times0.001\times10^{-6}}{0.001\times10^{-6}+0.001\times10^{-6}}}} \approx 410.9\text{kHz}$$

③ 由图 3-15（b）可以看出，三极管的三个电极分别与电容 C_1 和 C_2 的三个端子相接，所以该电路属于电容三点式振荡电路。

图中 C_e 是 R_e 的旁路电容，如果去掉 C_e，振荡信号在发射极电阻 R_e 上将产生损耗，放大倍数降低，甚至难以起振。C_b 为耦合电容，它将振荡信号耦合到三极管基极。如果去掉 C_b，则三极管基极直流电位与集电极直流电位近似相等，由于静态工作点不合适，电路将无法正常工作。

* 3.1.2.5　RC 桥式正弦波振荡器

（1）电路形式及振荡频率

图 3-16 所示是用集成运算放大器组成的 RC 桥式振荡电路，它由 RC 串并联电路组成的选频及正反馈网络和一个具有负反馈的同相放大电路构成。其中 R_f、R_1、串联的 RC、并联的 RC 各为一个桥臂构成一个电桥，放大电路的输出、输入分别接到电桥的对角线上。故称此振荡电路为 RC 桥式振荡器。

图的左边虚线框中是 RC 串并联网络，这个电路具有选频特性。输出电压 $\dot{U}_o$ 通过正反

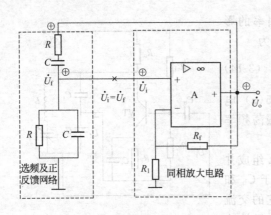

图 3-16　RC 桥式正弦波振荡电路

馈支路加到 RC 串并联网络两端，并从中取出 $\dot{U}_f$（反馈电压）加到放大器的同相输入端，作为输入信号 $\dot{U}_i$。其中只有 $f=f_0$ 的信号通过 RC 串并联网络时才不会产生相移，电路呈现纯电阻特性，并且信号的幅度最大（可以证明：当 $f_0=\dfrac{1}{2\pi RC}$ 时，$U_i=U_f=\dfrac{1}{3}U_o$，$\varphi=0°$）；而其他频率的信号都将产生相移，且幅度变小。因而可以设想，放大电路输入端的 $\dot{U}_i$（$f=f_0$ 的信号）经过同相输入放大器放大后，得到的 $\dot{U}_o$ 再经过 RC 串并联网络回到输入端的信号 $\dot{U}_f$，其相位与 $\dot{U}_i$ 相同，加强了 $\dot{U}_i$，形成正反馈，满足相位平衡条件。由于只有当 $f=f_0$ 时，电路才满足自激振荡的条件，所以 RC 桥式振荡器的振荡频率为

$$f_0=\frac{1}{2\pi RC} \tag{3-15}$$

如果将 R 和 C 换成可变电阻和可变电容，则输出信号频率就可以在一个相当宽的范围内进行调节。实验室用的低频信号发生器多采用 RC 桥式振荡器。

（2）起振和限幅

同相输入放大电路的电压放大倍数 $A_u=1+\dfrac{R_f}{R_1}$。电路起振时应使 $AF>1$，考虑对应于 $f=f_0$ 的频率信号的反馈系数 $F=\dfrac{U_f}{U_o}=\dfrac{1}{3}$，故 A 应略大于 3，也就是要求 $\dfrac{R_f}{R_1}$ 应大于 2 才能起振。通常 R_f 是具有负温度系数的热敏电阻，其作用是进行稳幅，减小波形失真。自动稳幅的过程解释如下：电路起振后，输出电压 $\dot{U}_o$ 的幅值不断增大，则流过热敏电阻 R_f 的电流也不断增大，引起 R_f 的温度升高和电阻值的减小，即 $\dfrac{R_f}{R_1}$ 比值随之减小；直到 $\dfrac{R_f}{R_1}=2$，$A=3$，$AF=1$ 时，满足振幅平衡条件而维持等幅振荡。由于这个振荡电路输出电压的幅值不是依靠三极管的非线性来限幅，所以有良好的输出电压波形。

训练示例 8　图 3-16 所示振荡电路，已知：$R=5.6\text{k}\Omega$，$C=2700\text{pF}$。求这个电路的振荡频率 f_0。设热敏电阻 $R_f=12\text{k}\Omega$，问起振时电阻 R_1 应整定在何值？

参考解答：① 根据振荡频率的计算公式可得

$$f_0=\frac{1}{2\pi RC}=\frac{1}{2\pi\times5.6\times10^3\times2700\times10^{-12}}\approx10.5\text{kHz}$$

② 对于 f_0 振荡频率，反馈系数为 1/3，所以起振时 A 应大于 3，由此可知 $\dfrac{R_f}{R_1}$ 应大于 2，故 R_1 应整定在小于 $6\text{k}\Omega$ 的阻值。

3.1.2.6　石英晶体振荡器

石英晶体振荡器是用石英晶体作为谐振选频元件的振荡器。其特点是有极高的频率稳定性，因而广泛使用于要求频率稳定性高的设备中。例如，石英钟、标准频率发生器、脉冲计数器及电子计算机中的时钟信号发生器等精密设备中。

（1）石英晶体的特性

　　若在石英晶体的两个电极上加一电场，晶片就会产生机械变形。反之，若在晶片的两侧施加机械压力，则在晶片相应的方向上产生电场，这种物理现象称为压电效应。因此，当在晶片的两极加上交变电压时，晶片将会产生机械变形振动，同时晶片的机械振动又会产生交变电场。在一般情况下，这种机械振动的振幅和交变电场的振幅都很微小，只有在外加交变电压的频率为某一特定频率时，振幅才会突然增加，比其他频率下的振幅大得多，这种现象称为压电效应。它与 LC 回路的谐振现象十分相似，所以又称石英晶体为石英谐振器。上述特定频率称为晶体的固有频率或谐振频率，它与晶体的切割方式、几何形状、尺寸等有关。图 3-17 是石英晶体的结构示意图。

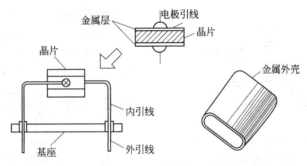

图 3-17　石英晶体结构示意图

（2）石英晶体的符号和等效电路

　　石英晶体的符号和等效电路如图 3-18(a)、（b）所示。等效电路中，L 很大，C_0、C、R 很小，所以回路的品质因数 Q 很大，可达 $10^4 \sim 10^6$。而一般由电感线圈组成的谐振回路的品质因数 Q 不会超过 400。所以，用石英谐振器组成的振荡电路，可获得很高的频率稳定性。

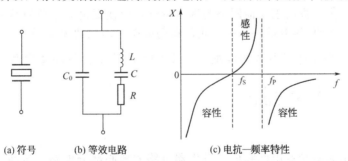

图 3-18　石英晶体谐振器的符号、等效电路及电抗特性

　　从石英晶体的符号和等效电路可知，这个电路有两个谐振频率。当 L、C、R 支路串联谐振时，等效电路的阻抗最小（等于 R），串联谐振频率为

$$f_S = \frac{1}{2\pi\sqrt{LC}} \tag{3-16}$$

当等效电路并联谐振时，并联谐振频率为

$$f_P = \frac{1}{2\pi\sqrt{L\dfrac{CC_0}{C+C_0}}} = f_S\sqrt{1+\frac{C}{C_0}} \tag{3-17}$$

由于 $C \ll C_0$，因此，f_S 和 f_P 两个频率非常接近。

　　石英谐振器的电抗—频率特性如图 3-18(c) 所示。当信号频率 f 正好处于 f_S 和 f_P 之间，石英晶体呈现电感性，可看成电感。而在此之外则呈现出容性。

（3）石英晶体正弦波振荡电路

石英晶体振荡电路的类型可分为两类，即并联型晶体振荡电路和串联型晶体振荡电路。前者石英晶体作为一个电感 L，工作在 f_S 和 f_P 之间；后者工作在串联谐振频率 f_S 处。

① 并联型石英晶体振荡电路　图 3-19 为典型的并联型石英晶体振荡电路。这里石英晶体作为电容三点式电路的感性元件，起电感 L 的作用。其振荡频率应落在 f_S 与 f_P 之间，外接电容 C_3 和 C_1、C_2 组成并联回路，显然，它的工作原理可从图 1-20 所示的克莱普（Clapp）振荡电路得到解释。

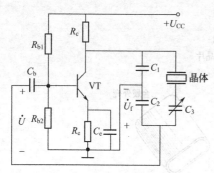

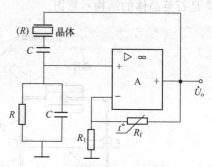

图 3-19　并联型石英晶体振荡电路　　　　图 3-20　串联型石英晶体振荡电路

② 串联型晶体振荡电路　图 3-20 是一种串联型石英晶体振荡电路。将图 3-20 与图 3-16 对照可以看出，石英晶体（起电阻 R 的作用）与电容 C 和 R 组成选频及正反馈网络，运算放大器 A 与电阻 R_f、R_1 组成同相负反馈放大电路，其中具有负温度系数的热敏电阻 R_f 和 R_1 所引入的负反馈用于稳幅。因此，图 3-20 为一桥式正弦波振荡电路。显然，在石英晶体的串联谐振频率 f_S 处，石英晶体的阻抗最小，且为纯电阻，可满足振荡的相位平衡条件。

在图 3-20 中，为了提高正反馈网络的选频特性，应使振荡频率既符合晶体的串联谐振频率，又符合通常的 RC 串并联网络所决定的振荡频率。即应使振荡频率 f_0 既等于 f_S，又等于 $\dfrac{1}{2\pi RC}$。为此，需要进行参数的匹配。即选电阻 R 等于石英晶体串联谐振时的等效电阻；选电容 C 满足等式 $f_S = \dfrac{1}{2\pi RC}$。

【任务实施】

如图 3-21 所示为实验室用低频信号发生器电路的核心部分电路。试问：①说出振荡电路的组成与类型，写出振荡频率的计算公式？②振荡电路中哪些元件构成选频网络？③转换开关 S 有什么作用？④电容为何用双链可变电容器？

任务完成指导：学生分小组讨论完成后进行汇报，师生互评，教师小结。

① 实用的低频信号发生器要求频率可调，图 3-21 所示电路就是一个频率可调的低频振荡器电路。该电路的频率 $f_0 = \dfrac{1}{2\pi RC}$，改变 R 或 C 均可改变频率。

② R_1、R_2、R_3 和双链电容器构成 RC 选频电路。

③ 转换开关 S 用作频率粗调。

④ 双链可变电容器用作频率细调。

任务拓展：图 3-22 所示电路是收录机的本机振荡电路。①指出反馈网络；②说明是否满足振荡的相位条件；③若 L_3 接反，电路能否振荡？

参考解答　①反馈网络由 L_3、L_1、L_2、C_3、C_4 和 C_5 等元件组成。反馈信号从 L_2 两端取出，经电容 C_2 耦合到晶体管 VT 的发射极，充当输入信号。

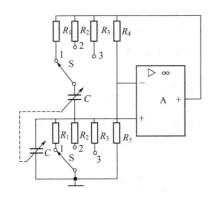
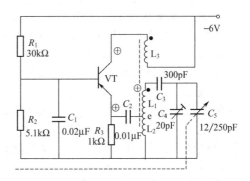

图 3-21　低频信号发生器电路　　　　　图 3-22　收录机的本机振荡电路

② 图 3-22 中，VT 的基极通过电容 C_1 交流接地，是一个共基极接法的电路。设发射极信号瞬时极性为正，则其他各点的瞬时极性如图中"$\oplus$"所示。可知是正反馈，满足相位条件。

③ 若 L_3 接反，则电路由正反馈变成负反馈，不满足相位条件，故不能振荡。

【小结】

① 将放大电路输出信号（电压或电流）的一部分或全部通过一定方式回送到放大电路的输入端，称为反馈。反馈分正反馈与负反馈。

② 正反馈可提高放大倍数，使电路产生振荡；负反馈降低放大倍数，使放大器的性能改善。负反馈可以提高放大倍数的稳定性、减小非线性失真、抑制干扰和噪声、扩展通频带以及改变输入电阻和输出电阻。

③ 反馈的实质是输出量参与控制，正反馈使净输入量增强，负反馈使净输入量削弱。用"瞬时极性法"能判断正、负反馈。

④ 常用的负反馈类型有：电压并联；电压串联；电流并联；电流串联。

⑤ 分析反馈电路的思路与步骤：第一，在输出与输入电路之间找出反馈网络（或反馈元件），用虚线框出，将它分离出来；第二，查找反馈信号来源和去处，从而确定反馈类型；第三，分析反馈对放大器性能的影响。

⑥ 产生振荡的相位条件是 $\varphi_A + \varphi_F = 2n\pi$，幅值条件是 $AF = 1$，起振条件是 $AF > 1$。

⑦ 根据选频网络的不同，正弦波振荡器可分为 LC 振荡器、RC 振荡器以及石英晶体振荡器。LC 振荡器的典型电路有变压器反馈式、电感三点式及电容三点式三种，都是利用 LC 谐振回路来选频，振荡频率相对较高；RC 桥式振荡电路利用 RC 串并联选频网络作为选频网络，振荡频率相对较低；而石英晶体振荡器的频率稳定度极高。

⑧ 正确判断电路中有无正反馈是分析振荡电路的关键。有正反馈才有可能振荡，而振荡的幅值条件，是可以通过增加放大倍数或改变反馈网络的参数得到满足的。

【自测题】

1.1　填空题（每空 2 分，共 24 分）

① 正反馈能提高_____，但使放大器的其他性能_____；负反馈虽然将使_____降低，却能提高_____稳定性。

② 负反馈能_____非线性失真。

③ 电路中加入负反馈能使频率范围_____，即频带_____。

④ 正弦波振荡器一般由_____、_____、_____和_____组成。

⑤ 常见的正弦波振荡器有：_____。

1.2　选择填空题（每小题 3 分，共 30 分）

① 串联反馈与并联反馈是按_____进行分类。

    a. 从输出端取反馈信号的方式　　　　b. 按反馈电路与输入端的连接方式

② 已知负反馈放大器的 $A=200$，$F=0.02$，则闭环电压增益 A_f 为_____。

    a. 40　　　　　　b. 400　　　　　　c. 4

③ 使输出电阻降低的是_____负反馈；使输出电阻提高的是_____负反馈。

    a. 电压　　　　　　b. 电流　　　　　　c. 串联　　　　　　d. 并联

④ 使输入电阻提高的是_____负反馈；使输入电阻降低的是_____负反馈。

    a. 电压　　　　　　b. 电流　　　　　　c. 串联　　　　　　d. 并联

⑤ 使输出电压稳定的是_____负反馈；使输出电流稳定的是_____负反馈。

    a. 电压　　　　　　b. 电流　　　　　　c. 串联　　　　　　d. 并联

⑥ 正弦波振荡器的振荡频率由_____决定。

    a. 基本放大器　　b. 反馈网络　　c. 选频网络

⑦ 正弦波振荡的相位平衡条件是_____。

    a. $\varphi_A=\varphi_F$　　b. $\varphi_A+\varphi_F=2n\pi$ （$n=0,1,2,\cdots$）

⑧ 正弦波振荡的幅值平衡条件是_____。

    a. $AF=1$　　　　b. $A=F$

⑨ 在串联型石英晶体振荡器中，对于振荡信号来讲，石英晶体相当于一个_____。

    a. 电感　　　　　b. 阻值极大的电阻　　c. 阻值极小的电阻

⑩ 石英晶体振荡器的主要优点是_____。

    a. 频率高　　　　b. 振幅稳定　　c. 频率的稳定度高

1.3　判断题（每小题 2 分，共 10 分）

① 串联负反馈可使反馈环内的输入电阻减小到开环时的 $(1+AF)$ 倍。（　　）

② 电流负反馈可使反馈环内的输出电阻增加到开环时的 $(1+AF)$ 倍。（　　）

③ 引入负反馈的电路不可能产生自激振荡。（　　）

④ 只有满足相位和幅值平衡条件，正弦波振荡电路才能正常工作。（　　）

⑤ 石英晶体之所以能作为谐振器，用作选频网络，是因为它的压电效应。（　　）

1.4　在图 3-23 所示各电路中，试判断：①反馈网络由哪些元件组成？②哪些构成本级反馈？哪些构成级间反馈？③是直流反馈、交流反馈还是交直流反馈？（16 分）

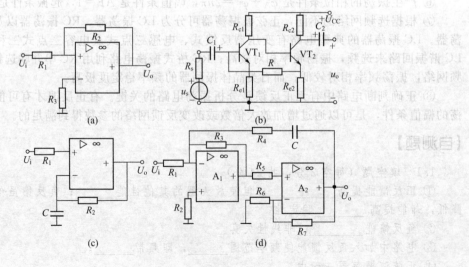

图 3-23　题 1.4 图

1.5　在图 3-24 所示电路中，试问 R_F 各引入的是何种反馈，其作用如何？（6 分）

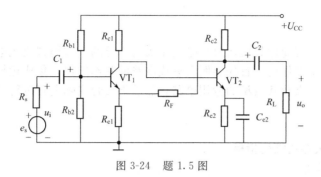

图 3-24　题 1.5 图

1.6　试判断图 3-25 所示各电路是否满足自激振荡的相位平衡条件。（6 分）

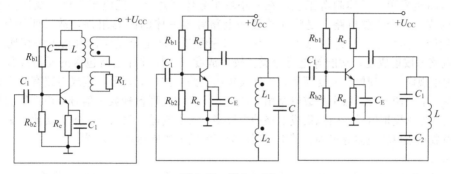

图 3-25　题 1.6 图

1.7　在图 3-16 所示电路中，已知：$R=1\text{k}\Omega$，$C=0.02\mu\text{F}$，求电路的振荡频率。设电阻 $R_f=6\text{k}\Omega$，接通电源起振时，对电阻 R_1 有什么要求？（8 分）

【任务 3.2】集成运算放大器的认识与应用

【任务描述】

如图 3-26 某信号发生器电路原理图中有两个集成运算放大器，说出其作用与功能。

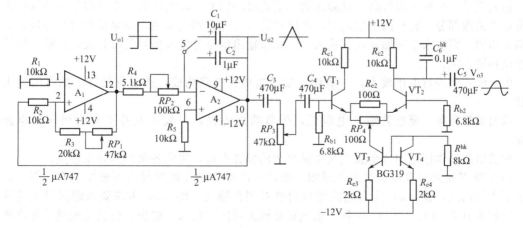

图 3-26　信号发生器的电路原理图

【任务分析】

集成运算放大器（可简称集成运放）是应用极为广泛的一种模拟集成电路。要会分析集成运算放大器在电路中的作用，首先要明白集成电路的基本知识，集成运算放大器的基本结构、主要参数和工作特点及其典型的应用电路，然后再结合实际电路进行分析判断即可。

【知识准备】

3.2.1 集成运算放大器的性能指标

3.2.1.1 集成电路简介

（1）概述

集成电路是采用半导体制造工艺，在一小块半导体基片上，把电子元件以及连接导线集中制造而构成的一个完整电路，是将元器件和电路融为一体的固态组件，故又叫固体电路。它具有重量轻、体积小、外部焊点少、工作可靠等优点，这是分立元件电路无法相比之处。

集成电路可按集成度、功能等进行分类。按集成度（一块硅片上所包含的元器件数目）来分，可分为小规模、中规模、大规模和超大规模集成电路。按功能划分，集成电路有数字集成电路和模拟集成电路两大类。数字集成电路用于产生、变换和处理各种数字信号；模拟集成电路用于放大变换和处理模拟信号。模拟集成电路种类较多，有集成运算放大器、集成功放、集成稳压器、集成模数和数模转换器等多种。其中应用最为广泛的为集成运算放大器。

（2）基本结构

集成运算放大器是一种高电压增益、高输入电阻和低输出电阻的直接耦合多级放大电路。它具有两个输入端，一个输出端，大多数型号的集成运算放大器为两组电源供电。其内部电路结构框图如图 3-27 所示。它由高阻输入级、中间级、输出级和偏置电路四部分组成。

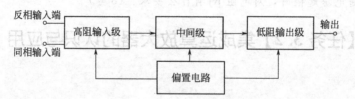

图 3-27　集成运算放大器的内部电路框图

输入级是一个输入阻抗高，且静态输入电流极小的差动放大电路，是提高集成运算放大器质量的关键部分。它有两个输入端，即同相输入端和反相输入端。如果输出信号与输入信号相位相同，则输入信号加在同相输入端；如果输出信号与输入信号相位相反，则输入信号加在反相输入端。

中间级主要进行电压放大，一般由共发射极放大电路构成，能提供足够大的电压放大倍数。

输出级接负载，要求其输出电阻低，带负载能力强，一般由互补对称射极输出电路构成。

偏置电路的作用是向各个放大级提供合适的偏置电流，决定各级的静态工作点。

图 3-28 是集成运算放大器的外形图。国产集成运算放大器的封装外形主要有：图（a）为金属壳圆筒式，图（b）为陶瓷或塑料封装双列直插式，图（c）为陶瓷或塑料封装扁平式。管脚数有 8、10、12、14 四种。集成运算放大器除了输入、输出、公共接地端子和电源端子外，有些还有调零端、相位补偿端以及其他一些特殊引出端子。由于这些端子对分析电路的输入、输出关系没有作用，所以没有画出。

图 3-29（a）为集成运算放大器的电路符号。图中"—"表示反相输入端，"＋"表示同

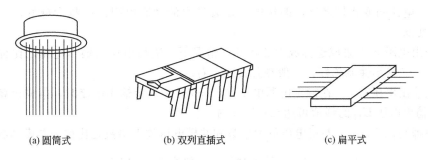

图 3-28　几种集成运算放大器的外形图

相输入端。"＞"表示信号的传输方向，"∞"表示理想条件。

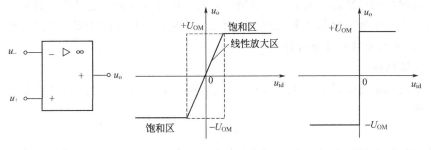

图 3-29　集成运算放大器的图形符号及电压传输特性

（3）主要参数

① 输入失调电压 U_{IO} 及其温漂 $\Delta U_{IO}/\Delta T$　在理想的运算放大器中，当输入电压为零时，输出电压应为零，但实际上并非如此。为了使当输入电压为零时，输出电压也为零，需在集成运算放大器两输入端额外附加的补偿电压，该补偿电压称为输入失调电压 U_{IO}。它反映了运算放大器内部输入级不对称的程度。U_{IO} 越小越好，一般为 $\pm(1\sim10)\mathrm{mV}$。

U_{IO} 通常是由于差动输入极两个晶体管的基-射间电压 U_{BE} 引起，而 U_{BE} 受温度的影响，故 U_{IO} 也是受温度影响的参数，则其受温度影响的程度称为输入失调电压的温漂，用 $\Delta U_{IO}/\Delta T$ 表示，单位通常用 $\mu\mathrm{V}/\mathrm{℃}$，一般都在几微伏每摄氏度以下。

② 输入失调电流 I_{IO} 及其温漂 $\Delta I_{IO}/\Delta T$　静态时，当集成运算放大器输出电压为零时，流入两个输入端的基极电流之差，即 $I_{IO}=|I_{B+}-I_{B-}|$。I_{IO} 反映了输入级电流参数不对称程度，I_{IO} 越小越好。一般为 $1\mathrm{nA}\sim0.1\mu\mathrm{A}$。

因为静态基极电流是受温度影响的函数，所以 I_{IO} 也是温度函数，通常用 $\Delta I_{IO}/\Delta T$ 来表示，称为输入失调电流的温漂。单位为 $\mathrm{pA}/\mathrm{℃}$ 或 $\mathrm{nA}/\mathrm{℃}$，一般为几纳安每摄氏度。

③ 开环差模电压放大倍数 A_{ud}　指集成运算放大器工作在线性区，在没有接反馈电路，而接入规定的负载时，差模电压放大倍数。A_{ud} 是影响运算精度的重要因素，其值越大，其运算精度越高，性能越稳定。A_{ud} 常用分贝（dB）表示。

$$A_{ud}(\mathrm{dB})=20\lg A_{ud}（倍）\tag{3-18}$$

高增益集成运算放大器的 A_{ud} 可超过 10^7（140dB）。

④ 开环共模电压放大倍数 A_{uc}　开环共模电压放大倍数 A_{uc} 是指当集成运算放大器在开环状态下，两输入端加相同信号（称为共模）时，输出电压与该输入信号电压的比值。由于共模信号一般为电路中的无用信号或有害信号，应该加以抑制。因此，共模电压放大倍数越小越好。

⑤ 差模输入电阻 r_{id}　r_{id} 是指集成运算放大器开环时，差模输入信号电压的变化量与它

所引起的输入电流的变化量之比，即从输入端看进去的动态电阻。r_{id}越大越好，一般在几百千欧到几兆欧。

⑥ 模输出电阻 r_o。　集成运算放大器在开环情况下，输出电压与输出电流之比称为差模输出电阻 r_o。r_o越小性能越好，一般在几百欧左右。

⑦ 最大输出电压 U_{pp}　在额定电源电压（±15V）和额定输出电流时，集成运算放大器不失真最大输出电压 U_{pp} 的峰值可达±13V 左右。

⑧ 共模抑制比 K_{CMR}　差模电压放大倍数和共模电压放大倍数之比称为共模抑制比，用 K_{CMR} 表示，即 $K_{CMR} = \left| \dfrac{A_{ud}}{A_{uc}} \right|$。$K_{CMR}$ 越大越好，一般在 80dB 以上。

集成运算放大器的性能指标比较多，具体使用时要查阅有关的产品说明书或手册。由于集成运算放大器的结构及制造工艺上有许多特点，其性能非常优异。通常在电路分析中把集成运算放大器作为一个理想化器件来处理，从而大为简化集成运算放大器的电路分析。

3.2.1.2　理想运算放大器及其分析特点

（1）电压传输特性

集成运算放大器输出电压 u_o 与其输入电压 u_{id}（$u_{id} = u_+ - u_-$）之间的关系曲线称为电压传输特性，即

$$u_o = f(u_{id})$$

由于集成运算放大器的开环差模电压放大倍数 A_{ud} 非常高，所以它的线性区非常窄。如图 3-29(b) 所示，在 u_{id} 很小的范围内为线性区。当 $|u_{id}| < \dfrac{|U_{OM}|}{A_{od}}$ 时，输出信号 u_o 不再跟随 u_i 线性变化，进入饱和工作区，输出电压 u_o 只有 $+U_{OM}$ 和 $-U_{OM}$ 两种取值可能，而其饱和值 $\pm U_{OM}$ 接近正、负电源电压值。

（2）理想运算放大器的技术指标

所谓理想运算放大器就是将各项技术指标理想化的集成运算放大器，理想运算放大器的电压传输特性如图 3-29(c) 所示。具有下面特性的运算放大器称为理想运算放大器。

① 输入为零时，输出恒为零；

② 开环差模电压放大倍数 $A_{ud} = \infty$；

③ 差模输入电阻 $r_{id} = \infty$；

④ 差模输出电阻 $r_o = 0$；

⑤ 共模抑制比 $K_{CMR} = \infty$；

⑥ 失调电压、失调电流及温漂为 0。

（3）集成运算放大器应用电路的分析方法

集成运算放大器应用广泛，其工作区域不是工作在线性区，就是工作在非线性区。在分析运算放大器应用电路时，用理想运算放大器代替实际运算放大器所带来的误差很小，在工程计算中是允许的。

理想运算放大器工作在线性区的特点

①"虚短"　当集成运算放大器工作在线性区时，它的输出信号与输入信号应满足

$$u_o = A_{ud}(u_+ - u_-) \tag{3-19}$$

由于 u_o 是有限的，而 A_{ud} 为无穷大，所以有 $u_+ - u_- = 0$，即

$$u_+ = u_- \tag{3-20}$$

这说明在线性工作区时，理想运算放大器的两输入端电位相等，相当于同相输入端与反相输入端短路，但不是真短路，故称"虚短"。

②"虚断" 由于理想运算放大器的输入电阻 r_{id} 为无穷大，所以运算放大器的输入电流为零。相当于两输入端对地开路，这种现象被称作"虚断"。即

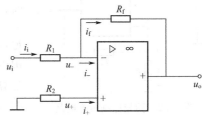

$$i_+ = i_- = 0 \qquad (3-21)$$

另外，在分析电路时经常会碰到"虚地"的概念，如图 3-30 所示。因 $i_+ = i_- = 0$，所以 $u_+ = 0$；又因 $u_- = u_+$，所以 u_- 点虽不接地却如同接地一样，故称为"虚地"。

理想运算放大器工作在非线性区的特点：

图 3-30 运算放大器中的"虚地"

① 理想运算放大器的输出电压 u_o 的值只有两种可能，即输出为正向饱和电压 $+U_{OM}$，或负向饱和电压 $-U_{OM}$。

$$当 u_+ > u_- 时，u_o = +U_{OM} \qquad (3-22)$$

$$当 u_+ < u_- 时，u_o = -U_{OM} \qquad (3-23)$$

其电压传输特性如图 3-29(b) 所示。在非线性区内，"虚短"现象不复存在。

② 理想运算放大器的输入电流等于零。

因为 $R_{id} = \infty$，所以 $i_+ = i_- = 0$

另外，运算放大器工作在非线性区时，$u_+ \neq u_-$，其净输入电压 $u_+ - u_-$ 的大小取决于电路的实际输入电压及外接电路的参数。

总之，在分析集成运算放大器的应用电路时，一般将它看成理想运算放大器，首先判断集成运算放大器的工作区域，然后根据不同区域的不同特点分析电路输出与输入的关系。

3.2.2 集成运算放大器的简单应用

3.2.2.1 集成运算放大器的线性应用电路

集成运算放大器的线性应用电路有比例运算、加法运算、减法运算、积分运算、微分运算、对数运算、指数运算、乘法和除法运算等电路。以下介绍集成运算放大器的几种常见基本线性应用电路。

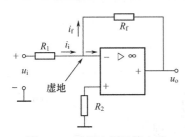

图 3-31 反相比例运算电路

（1）比例运算电路

集成运算电路的输出与输入电压之间存在比例关系，即电路可实现比例运算的电路称为比例运算电路，是各种运算电路的基础。根据输入信号接法的不同，比例运算电路有三种基本形式：反相输入、同相输入和差动输入比例运算电路，下面介绍前两种。

① 反相比例运算电路 反相比例运算电路如图 3-31 所示。外加输入信号 u_i 通过电阻 R_1 加在集成运算放大器的反相输入端，而同相输入端通过电阻 R_2 接地，故称为反相输入方式。由图可以看出，运算放大器工作在线性区。所以利用"虚短"、"虚断"和"虚地"特点，可得出

$$i_i = \frac{u_i}{R_1}$$

$$i_f = -\frac{u_o}{R_f}$$

$$i_i = i_f$$

$$u_o = -\frac{R_f}{R_1}u_i \qquad (3\text{-}24)$$

可见输出电压与输入电压成比例关系，"$-R_f/R_1$"为其比例系数。式中，"$-$"表示 u_o 与 u_i 反相。当 $R_1 = R_f$ 时，比例系数为"-1"，电路成为反相器。

在图 3-32 中，电阻 R_2 称为平衡电阻，其作用是为了保证运算放大器的两个输入端处于静态平衡的状态，避免因电阻不平衡时，偏置电流引起的失调。它的求法是：令运算放大器电路中所有信号电压为零，使从同相端和反相端向外看对地的电阻相等。即

$$R_2 = R_1 /\!/ R_f \qquad (3\text{-}25)$$

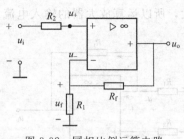

图 3-32　同相比例运算电路

② 同相比例运算电路　同相比例运算电路如图 3-32 所示。外加输入信号 u_i 通过平衡电阻 R_2 加在集成运算放大器的同相输入端，而反相输入端没有外加输入信号，只有反馈信号。故称其为同相输入方式。电阻 $R_2 = R_1 /\!/ R_f$，起平衡补偿作用。由图可以看出，运算放大器工作在线性区。因此有

$$u_- = \frac{R_1}{R_1 + R_f}u_o$$
$$u_- = u_+$$
$$u_+ = u_i$$
$$u_o = \left(1 + \frac{R_f}{R_1}\right)u_i \qquad (3\text{-}26)$$

可见，同相比例运算电路的比例系数大于 1，其值为 $1 + (R_f/R_1)$。当 R_1 开路时，$u_o = u_i$，电路成为电压跟随器。

（2）加法运算电路

加法器或求和电路是指能实现加法运算的电路。根据信号输入方式的不同，加法器有反相输入式和同相输入式之分。图 3-33 是反相加法运算电路。运算放大器工作在线性区，且反相端为"虚地"，即 $u_- = u_+ = 0$。因此有

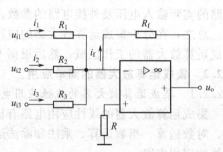

图 3-33　反相加法运算电路

$$i_1 = \frac{u_{i1}}{R_1},\ i_2 = \frac{u_{i2}}{R_2},\ i_3 = \frac{u_{i3}}{R_3},\ i_f = -\frac{u_o}{R_f}$$
$$i_f = i_1 + i_2 + i_3$$

由以上各式可得

$$u_o = -i_f R_f = -R_f\left(\frac{u_{i1}}{R_1} + \frac{u_{i2}}{R_2} + \frac{u_{i3}}{R_3}\right) \qquad (3\text{-}27)$$

令 $R_f = R_1 = R_2 = R_3$，则

$$u_o = -(u_{i1} + u_{i2} + u_{i3}) \qquad (3\text{-}28)$$

图 3-33 中，电阻 R 为平衡电阻，取

$$R = R_1 /\!/ R_2 /\!/ R_3 /\!/ R_f \qquad (3\text{-}29)$$

该电路的突出优点是各路输入电流之间相互独立，互不干扰。

（3）减法运算电路

减法运算是指电路的输出电压与两个输入电压之差成比例。基本电路如图 3-34 所示。外加输入信号

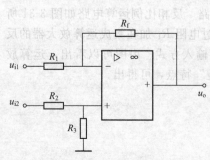

图 3-34　减法运算电路

u_{i1} 和 u_{i2} 分别通过电阻加在运算放大器的反相输入端和同相输入端，称为差动输入方式。

为了保证运算放大器两个输入端对地电阻平衡，通常有 $R_1 = R_2$，$R_f = R_3$。对于这种电路用叠加原理求解比较简单。

设 u_{i1} 单独作用时输出电压为 u_{o1}，此时应令 $u_{i2} = 0$，电路为反相比例运算电路

$$u_{o1} = -\frac{R_f}{R_1}$$

设 u_{i2} 单独作用时输出电压为 u_{o2}，此时应令 $u_{i1} = 0$，电路为同相比例运算电路

$$u_+ = \frac{R_3}{R_2 + R_3} u_{i2}$$

$$u_{o2} = \left(1 + \frac{R_f}{R_1}\right) u_+ = \left(1 + \frac{R_f}{R_1}\right) \times \left(\frac{R_3}{R_2 + R_3}\right) u_{i2}$$

当 u_{i1}、u_{i2} 同时作用于电路时

$$u_o = u_{o1} + u_{o2} = \left(1 + \frac{R_f}{R_1}\right) \times \left(\frac{R_3}{R_2 + R_3}\right) u_{i2} - \frac{R_f}{R_1} u_{i1} \tag{3-30}$$

当 $R_1 = R_2$，$R_f = R_3$ 时

$$u_o = \frac{R_f}{R_1}(u_{i2} - u_{i1}) \tag{3-31}$$

可见，差动输入运算放大器能实现两个信号的减法运算。

（4）积分运算电路

如图 3-35(a) 所示为简单积分电路及充电过程。当 u_i 从零值突变到某一定值时，则 u_o 按指数规律上升。充电规律是，电容电压 $u_c = u_o$ 正比于电容充电电流 i_c 对时间 t 的积分，即

$$u_o = \frac{1}{C}\int i_c \, dt \tag{3-32}$$

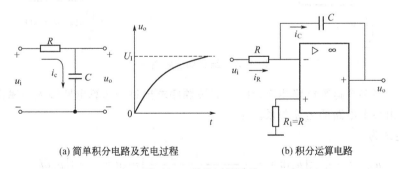

(a) 简单积分电路及充电过程　　　(b) 积分运算电路

图 3-35　积分运算电路

这种 RC 积分电路的缺点是随着充电时间的增长，充电电流不断减小，不能实现输出电压随时间线性增长的实际要求。为了实现恒流充电，提高积分电压的线性度，采用集成运算放大器构成的积分运算电路如图 3-35(b) 所示。由于同相输入端通过 R_1 接地，所以运算放大器的反相输入端为虚地。

电容 C 上流过的电流等于电阻 R 中的电流，即

$$i_C = i_R = \frac{u_i}{R}$$

$$u_C = u_- - u_o = -u_o$$

$$u_o = - u_C = - \frac{1}{C}\int \frac{u_i}{R}dt = - \frac{1}{RC}\int u_i dt \qquad (3-33)$$

可见，输出电压与输入电压之间成积分关系。

当 u_i 为常量，即 $u_i = U_i$ 时

$$u_o = - \frac{1}{RC}U_i t \qquad (3-34)$$

（5）微分运算电路

积分的逆运算是微分，所以只要将积分运算电路的电阻与电容位置互换，便可得到如图 3-36 所示的微分运算电路。根据理想运算放大器工作在线性区"虚短"和"虚断"的特点可知，反相端仍为虚地，由图可知

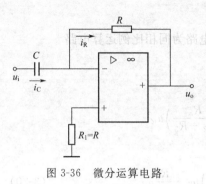

$$i_C = C\frac{du_C}{dt} = C\frac{du_i}{dt}$$

$$i_C = i_R$$

图 3-36 微分运算电路 故 $\qquad u_o = - i_R R = - RC\frac{du_i}{dt} \qquad (3-35)$

可见，输出电压正比于输入电压对时间的微分。图中 R_1 为平衡电阻，取 $R_1 = R$。

（6）综合训练

电路如图 3-37 所示，求解 u_o 与 u_1、u_2 之间的运算关系。

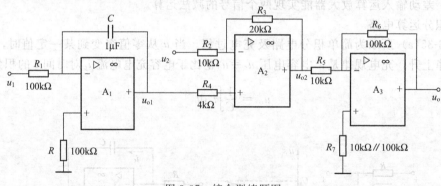

图 3-37 综合训练题图

参考解答 当多个运算电路相连接时，应按顺序求出每个运算电路输入与输出间的运算关系，然后求出整个电路的运算关系。

u_{o1} 的表达式为

$$u_{o1} = - \frac{1}{R_1 C}\int u_1 dt = - \frac{1}{100 \times 10^3 \times 10^{-6}}\int u_1 dt = - 10\int u_1 dt$$

u_{o2} 的表达式为

$$u_{o2} = \left(1 + \frac{R_3}{R_2}\right)u_{o1} - \frac{R_3}{R_2}u_2 = \left(1 + \frac{20}{10}\right)\left(- 10\int u_1 dt\right) - \frac{20}{10}u_2 = - 30\int u_1 dt - 2u_2$$

u_o 的表达式为

$$u_o = - \frac{R_6}{R_5}u_{o2} = - \frac{100}{10}\left(- 30\int u_1 dt - 2u_2\right) = 300\int u_1 dt + 20u_2$$

3.2.2.2 集成运算放大器线性应用电路实例分析

（1）电流-电压转换电路

如图 3-38 所示电路。由图可得

$$u_o = -i_R R_f = -i_S R_f \tag{3-36}$$

可见，输出电压 u_o 与输入电流 i_S 成正比，实现了线性变换的目的。如果接一个固定不变的负载电阻 R_L，则输出电压与负载电流成正比，即

$$i_o = \frac{u_o}{R_L} = -\frac{R_f}{R_L} i_S \tag{3-37}$$

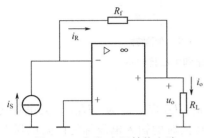

图 3-38　电流-电压转换电路

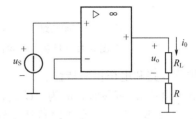

图 3-39　电压-电流转换电路

（2）电压-电流转换电路

电路如图 3-39 所示，u_S 为电压源，根据"虚短"有

$$u_S = i_o R$$

所以

$$i_o = \frac{u_S}{R}$$

可见输出电流 i_o 与输入电压 u_S 成正比，实现了线性转换。

3.2.2.3　集成运算放大器的非线性应用电路

运算放大器非线性应用的实例很多，以下只介绍比较器和限幅器。

（1）比较器

比较器是比较两个电压大小的电路，常用于测量、控制和信号处理等电路中。

① 过零电压比较器　过零电压比较器是参考电压为零的比较器。根据输入方式的不同又可分为反相输入和同相输入两种。当同相输入端接地时为反相输入过零电压比较器，而当反相输入端接地时为同相输入过零电压比较器。它们的工作原理分析如下。

● 反相输入过零电压比较器电路如图 3-40(a) 所示，其电压传输特性如图 3-40(b) 所示。当输入信号电压 $u_i > 0$ 时，输出电压 u_o 为 $-U_{OM}$；当 $u_i < 0$ 时，u_o 为 $+U_{OM}$。

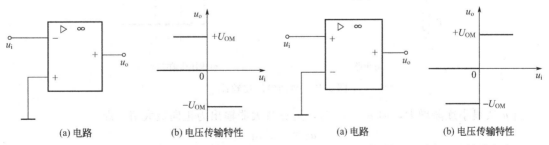

(a) 电路　　　(b) 电压传输特性

图 3-40　反相输入过零电压比较器电路

(a) 电路　　　(b) 电压传输特性

图 3-41　同相输入过零电压比较器电路

● 同相输入过零电压比较器电路如图 3-41(a) 所示，其电压传输特性如图 3-41(b) 所示。当输入信号电压 $u_i > 0$ 时，输出电压 u_o 为 $+U_{OM}$；当 $u_i < 0$ 时，u_o 为 $-U_{OM}$。

② 单限电压比较器　可用于检测输入信号电压是否大于或小于某一特定值称为单限电压比较器（又称电平检测器）。

根据输入方式不同，也可分为反相输入和同相输入两种。图 3-42 所示为反相输入单限

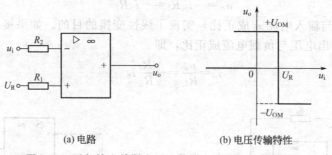

(a) 电路　　　　　　(b) 电压传输特性

图 3-42　反相输入单限电压比较器电路和电压传输特性

电压比较器电路和电压传输特性。

当输入电压 $u_i > U_R$ 时，u_o 为 $-U_{OM}$；当输入电压 $u_i < U_R$ 时，u_o 为 $+U_{OM}$。其电压传输特性如图 3-42(b) 所示。在传输特性上输出电压发生转换时的输入电压称为门限电压 U_{th}，单限电压比较器只有一个门限电压，其值可以为正，也可以为负。实际上前面介绍的过零电压比较器是单限电压比较器的一种特例，它的门限电压 $U_{th} = 0$。

③ 滞回电压比较器　单限电压比较器虽然电路比较简单，灵敏度高，但它的抗干扰能力却很差。当输入信号在 U_R 处上下波动（有干扰）时，电路会出现多次翻转，时而为 $+U_{OM}$，时而为 $-U_{OM}$，输出波形不稳定。用这样的输出信号是不允许去控制继电器的。采用以下介绍的滞回电压比较器可以消除上述现象。

滞回电压比较器又称为施密特触发器，其电路如图 3-43(a) 所示。它是在电压比较器的基础上加上正反馈构成的。通过正反馈支路，门限电压就随输出电压 u_o 的变化而变化，所以这种电路有两个门限电压。虽然灵敏度低一些，但抗干扰能力却大大提高了，只要干扰信号的变化不超过两个门限电压值之差，其输出电压是不会出现反复变化的。电路的工作原理分析如下。

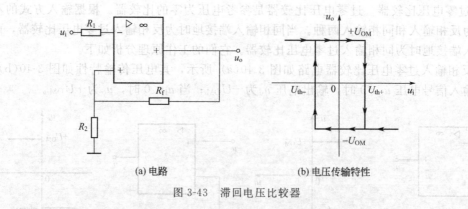

(a) 电路　　　　　　(b) 电压传输特性

图 3-43　滞回电压比较器

当 u_i 从很小逐渐增大，但 $u_i < u_+$ 时，运算放大器输出为正向最大值，即

$$u_o = +U_{OM}$$

此时同相输入端的电位为　　$u'_+ = \dfrac{R_2}{R_2 + R_f} \times (+U_{OM}) = U_{th+}$　　　　　　(3-38)

当输入电压 u_i 增大到 $u_i < U_{th+}$ 时，由于强正反馈，输出跳变到负向最大值，即

$$u_o = -U_{OM}$$

此时同相输入端的电位变为　　$u''_+ = \dfrac{R_2}{R_2 + R_f} \times (-U_{OM}) = U_{th-}$　　　　　　(3-39)

以后在 u_i 由大逐渐减小的过程上，只要 $u_- = u_i > u''_+$，输出仍为负向饱和电压。只有当

u_i 减小到使 $u_- < u''_+$ 时，输出才由负向饱和电压变为正向饱和电压。其电压传输特性如图 3-43(b) 所示。

可以看出，滞回电压比较器存在两个门限电压：上门限电压 U_{th+} 和下门限电压 U_{th-}，两者之差称为回差电压，即

$$\Delta U_{th} = U_{th+} - U_{th-} = 2\frac{R_2}{R_2 + R_f}U_{OM} \tag{3-40}$$

回差电压的存在，提高了电路的抗干扰能力。并且改变 R_2 和 R_f 的数值就可以改变 U_{th+}、U_{th-} 和 ΔU_{th}。

（2）限幅器

有时为了与输出端的数字电路的电平配合，需要将比较器的输出电压限定在某一特定的数值上，这就需要在比较器的输出端接上限幅电路。图 3-44(a) 为一电阻 R 和双向稳压管 VZ 构成的限幅电路，输出电压值限制在 $u_o = \pm(U_Z + U_D)$ 范围之内。在实用电路中，有时在比较器的输出端与反相输入端之间跨接一个双向稳压管进行双向限幅，如图 3-44(b) 所示。假设稳压管 VZ 截止，则集成运算放大器必工作在开环状态，其输出不是 $+U_{OM}$ 就是 $-U_{OM}$。所以双向稳压管中总有一个工作在稳压状态，一个工作在正向导通状态，故输出电压 $u_o = \pm(U_Z + U_D)$，达到限幅的目的。

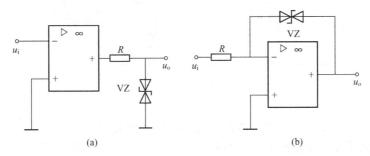

图 3-44　双向限幅器

3.2.2.4　使用运算放大器注意事项

（1）集成运算放大器的选用

选择集成运算放大器的原则，应从电路的主要功能指标和各类运算放大器的不同特点两方面来综合考虑。在满足主要功能指标前提下，兼顾其他指标，并尽可能采用通用型运算放大器以降低成本。

（2）集成运算放大器的调零

因为存在失调电压和失调电流，当集成运算放大器输入为零时，输出不为零。为了补偿这种由输入失调造成的不良影响，使用时大都要采用调零措施。集成运算放大器通常都有规定的调零端子、调零电位器的阻值及连接方法。在集成运算放大器良好的情况下，只要调零电路及施加的电压没有问题，一般都不难调好零点。

（3）集成运算放大器的自激

集成运算放大器内部是一个多级放大电路，运算放大电路部分又引入了深度负反馈，因此大多数集成运算放大器在内部都设置了消除自激的补偿电路，来消除去其工作时易产生自激振荡。有些集成运算放大器引出了消振端子，用外接 RC 消除自激现象。实际使用时，通常在电源端、反馈支路及输入端连接电容或阻容支路来消除自激。

（4）集成运算放大器的保护

集成运算放大器在使用时，如果输入、输出电压过大、输出短路及电源极性接反等原因

会造成集成运算放大器损坏，因此，需要采取保护措施。其中，为防止输入差模或共模电压过高而损坏集成运算放大器的输入级，可并接极性相反的两只二极管在集成运算放大器的输入端，从而使输入电压的幅度限制在二极管的正向导通电压之内；为了防止集成运算放大器使用时接正负电源极性接反，可采用电源极性保护电路；为了防止运算放大器输出端因接到外部电压引起击穿或过流，可在输出端接上稳压管，当因意外原因外部较高电压接到运算放大器的输出端时，稳压管反向击穿，集成运算放大器的输出端电压将受稳压管的稳压值限制，从而可避免损坏。

【任务实施】

学生分组分析讨论图 3-45 中两个集成运算放大器的作用及构成方波-三角波产生电路的工作原理，形成书面报告。

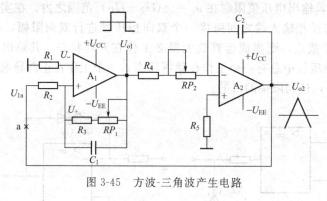

图 3-45　方波-三角波产生电路

任务完成指导

运算放大器 A_1 与 R_1、R_2、R_3、RP_1 组成滞回电压比较器。

运算放大器的反相端接基准电压，即 $U_- = 0$；同相端接输入电压 U_{ia}。

比较器的输出 U_{o1} 的高电平等于正电源电压 $+U_{CC}$，低电平等于负电源电压 $-U_{EE}$（$|+U_{CC}| = |U_{EE}|$）。

当输入端 $U_+ = U_- = 0$ 时，比较器翻转，U_{o1} 从 $+U_{CC}$ 跳到 $-U_{EE}$，或从 $-U_{EE}$ 跳到 $+U_{CC}$。

设 $U_{o1} = +U_{CC}$，则

$$U_+ = \frac{R_2}{R_2 + R_3 + RP_1} U_{CC} + \frac{R_3 + RP_1}{R_2 + R_3 + RP_1} U_{ia} = 0$$

整理上式，得比较器的下门限电位为

$$U_{ia-} = \frac{-R_2}{R_3 + RP_1} U_{CC}$$

若 $U_{o1} = -U_{EE}$，则比较器的上门限电位为

$$U_{ia+} = \frac{-R_2}{R_3 + RP_1}(-U_{EE}) = \frac{R_2}{R_3 + RP_1} U_{CC}$$

比较器的门限宽度 U_H 为

$$U_H = U_{ia+} - U_{ia-} = 2\frac{R_2}{R_3 + RP_1} U_{CC}$$

由上面公式可得比较器的电压传输特性，如图 3-46 所示。

从电压传输特性可见，当输入电压 U_{ia} 从上门限电位 U_{ia+} 下降到下门限电位 U_{ia-} 时，输出电压 U_{o1} 由高电平 $+U_{CC}$ 突变到低电平 $-U_{EE}$。

a 点断开后，运算放大器 A_2 与 R_4、RP_2、R_5、C_2 组成反相积分器，其输入信号为方波 U_{o1} 时，则积分器的输出为

$$U_{o2} = \frac{-1}{(R_4 + RP_2)C_2} \int U_{o1}\,\mathrm{d}t$$

当 $U_{o1} = +U_{CC}$ 时，

$$U_{o2} = \frac{-1}{(R_4 + RP_2)C_2} U_{CC}t$$

当 $U_{o1} = -U_{EE}$ 时，

$$U_{o2} = \frac{-1}{(R_4 + RP_2)C_2}(-U_{EE})t = \frac{1}{(R_4 + RP_2)C_2} U_{CC}t$$

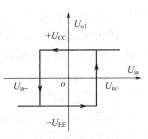

图 3-46　电压传输特性

a 点闭合，形成闭环电路，则自动产生方波-三角波，其波形如图 3-47 所示。

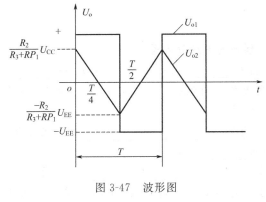

图 3-47　波形图

比较器的门限电压为 U_{ia+} 时，输出 U_{o1} 为高电平（$+U_{CC}$）。这时积分器开始反向积分，三角波 U_{o2} 线性下降。

当 U_{o2} 下降到比较器的下门限电位 U_{ia-} 时，比较器翻转，输出 U_{o1} 由高电平跳到低电平。这时积分器又开始正向积分，U_{o2} 线性增加。

如此反复，就可自动产生方波-三角波。

方波-三角波的幅度和频率方波的幅度略小于 $+U_{CC}$ 和 $-U_{EE}$。

三角波的幅度为

$$U_{o2m} = \frac{-1}{(R_4 + RP_2)C_2} \int_0^{\frac{T}{4}} U_{o1}\,\mathrm{d}t = \frac{U_{CC}}{(R_4 + RP_2)C_2} \frac{T}{4}$$

实际上，三角波的幅度也就是比较器的门限电压 U_{ia+}

$$U_{o2m} = \frac{R_2}{(R_3 + RP_1)C_2} U_{CC} = \frac{U_{CC}}{(R_4 + RP_2)C_2} \frac{T}{4}$$

将上面两式整理可得三角波的周期 T，而 $F = 1/T$

方波-三角波的波频率为 $\quad f = \dfrac{(R_3 + RP_1)}{4R_2(R_4 + RP_2)C_2}$

由此可见：

① 方波的幅度由 $+U_{CC}$ 和 $-U_{EE}$ 决定；

② 调节电位器 RP_1，可调节三角波的幅度，但会影响其频率；

③ 调节电位器 RP_2，可调节方波-三角波的频率，但不会影响其幅度，可用 RP_2 实现频率微调，而用 C_2 改变频率范围。

【小结】

① 在模拟集成电路中，集成运算放大器是一种应用最广、通用性最强的集成组件。因为，集成放大电路具有体积小、工作稳定可靠、安装调试方便等一系列优点，而得到广泛应用。

② 在分析集成运算放大器所组成的应用电路时，将实际运算放大器按理想运算放大器处理，是不仅可以简化分析过程，而且所得结果可以满足一般工程实际要求。

③ 集成运算放大器的线性和非线性两种工作状态呈现不同的特点。故，在分析运算放大器应用电路时，第一，应确定运算放大器的工作状态，其次，才能根据理想运算放大器在

两种工作状态时各自的特点，结合外围电路进行分析计算。

④ 求解集成运算放大器所组成的电路时，先判断运算放大器的工作区域。当工作在线性区时，要牢牢掌握运算放大器在线性工作区的特点，即"虚短"（$u_+ = u_-$）和"虚断"（$i_+ = i_- \approx 0$）的基本概念。然后逐级推导出输出与输入之间的关系。如果工作在非线工作区，则要根据非线性区的特点求解。

⑤ 多级集成运算放大器电路的分析与计算：因为理想运算放大器的输出电阻等于 0，可以把从多级集成运算放大器电路从各输出端断开，成为单级运算放大器，然后逐级进行分析计算即可。

⑥ 实际应用中，必须高度重视集成运算放大器电路中自激的消除、集成运算放大器的选用和保护等常见的技术问题。

【自测题】

2.1　填空题（每空 2 分，共 26 分）

① 集成运算放大器实质是一个＿＿＿＿＿＿＿＿耦合的多级放大器。

② 理想集成运算放大器的主要性能指标：$A_{ud} =$ ＿＿＿＿＿，$r_{id} =$ ＿＿＿＿＿＿，$r_{od} =$ ＿＿＿＿。

③ 分析运算放大电路的线性应用时有两个重要的分析依据。一个是 $i_+ = i_- \approx 0$，俗称"＿＿＿＿＿＿＿"；一个是 $u_+ = u_-$，俗称"＿＿＿＿＿＿"。

④ 集成运算放大器一般分为两个工作区，它们是＿＿＿＿＿＿和＿＿＿＿＿＿工作区；有两个输入端，一个叫＿＿＿＿＿＿端，另一个叫＿＿＿＿＿＿端。

⑤ 根据输入方式不同，过零电压比较器又可分为＿＿＿＿＿＿和＿＿＿＿＿＿两种。

⑥ 集成运算放大器处于开环状态时，其输出只可能是正负饱和值 $\pm U_{OM}$，它们的大小取决于＿＿＿＿＿＿。

2.2　选择题（每小题 3 分，共 24 分）

① 集成运算放大器内部电路不包含（　　　）

　　a. 输入级和输出级　　　　b. 中间放大级　　　　c. 偏置电路　　　　d. 输出端

② 集成运算放大器的中间级一般采用（　　　），输出级一般采用（　　　）

　　a. 共基极电路　　　　　　b. 共发射电路　　　　c. 互补对称电路　d. 共集电极电路

③ 理想运算放大器的开环放大倍数为（　　　），输入电阻为（　　　）

　　a. ∞　　　　　　　　　　b. 0　　　　　　　　　c. 不定　　　　　　d. 某一个确定值

④ 集成运算放大器中，引入深度负反馈的目的之一是（　　　）

　　a. 使运放工作在非线性区，提高稳定性　　　　b. 使运放工作在非线性区，降低稳定性

　　c. 使运放工作在线性区，提高稳定性　　　　　d. 使运放工作在线性区，降低稳定性

⑤ 集成运算放大器应用于信号运算时，工作在（　　　）区域

　　a. 非线性区　　　　　b. 线性区　　　　　　c. 截止区　　　　　d. 饱和区

⑥ 实现电压放大倍数为 -20 的放大电路是（　　　）

　　a. 同相比例运算电路　　　　　　　　　　b. 反相比例运算电路

　　c. 积分运算电路　　　　　　　　　　　　d. 加法运算电路

⑦ 将正弦波电压叠加上一个直流量，可选用（　　　）

　　a. 比例运算电路　　　b. 微分运算电路

　　c. 积分运算电路　　　d. 加法运算电路

⑧ 图 3-48 所示电路为（　　　）

　　a. 比例运算电路　　　b. 微分运算电路

　　c. 积分运算电路　　　d. 加法运算电路

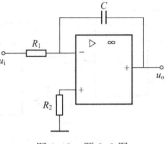

2.3　判断题（每小题 2 分，共 10 分）

① 理想运算放大电路的开环电压增益和输入电阻都趋于无穷大。（　　）

② 工作于线性放大状态下的集成运算放大电路可以视为"理想运算放大电路"。（　　）

③ 减法运算放大电路的信号可以只在一个输入端输入。（　　）

图 3-48　题 2.2 图

④ 微分运算放大电路和积分运算放大电路只是输入端电阻和电容调换位置。（　　）

⑤ 基准电压为零的任意电压比较器就是过零电压比较器。（　　）

2.4　在图 3-49 所示电路中，已知 $u_{i1}=0.6V$，$u_{i2}=0.3V$，试计算输出电压 u_o 和平衡电阻 R_4。（6 分）

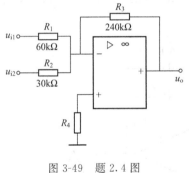

图 3-49　题 2.4 图

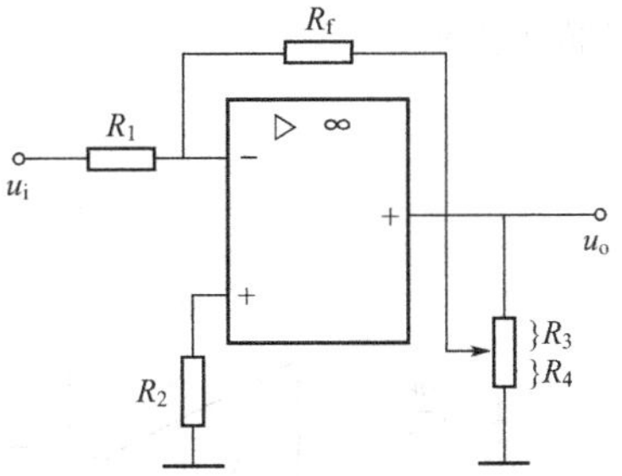

图 3-50　题 2.5 图

2.5　图 3-50 所示电路是一增益可调的反相比例运算电路，设 $R_f \gg R_4$，试证明：

$$u_o = -\frac{R_f}{R_1}\left(1+\frac{R_3}{R_4}\right)u_i \qquad (8 分)$$

2.6　同相比例运算放大器电路如图 3-51 所示。试问当 $u_i=50mV$ 时，u_o 为多少？（8 分）

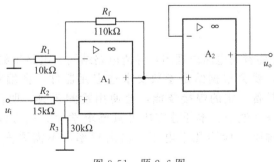

图 3-51　题 2.6 图

2.7　电路如图 3-52 所示。$R_f=100k\Omega$，$R_1=25k\Omega$，$R_2=20k\Omega$，$u_i=2V$，试求：① 输出电压 u_o；② 若 $R_f=3R_1$，$u_i=-2V$，求输出电压 u_o。（8 分）

2.8　电路如图 3-53 所示，试求 u_o 的表达式。若 $R_1=R_2=R_3=R_f$，该电路完成什么功能？（10 分）

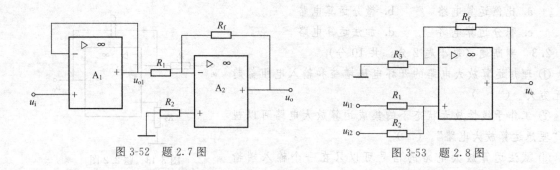

图 3-52　题 2.7 图　　　　　　　　　　　　图 3-53　题 2.8 图

【任务 3.3】信号发生器电路的组装、 调试与故障排除

【任务描述】

按图 3-54 组装、制作一个低频信号发生器，对其输出参数进行测定，对其功能进行检测，确保制作质量。

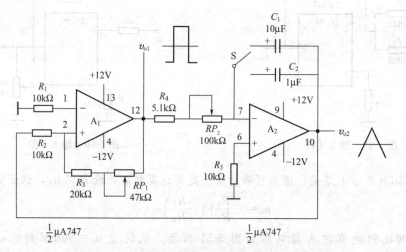

图 3-54　方波-三角波信号发生器的电路原理图

【任务分析】

完成任务的第一步是能看懂电路原理图，弄清电路结构、电路每部分的功能，认识构成电路的各元器件。而后，要会根据给定参数要求选定元器件，会编制工艺流程，会绘制 PCB 板图元件布局图，具备一定的焊接技能，会使用检测工具，明白检测标准和检测方法，才能较好地完成任务（说明：本任务完成可只要求学生完成方波-三角波信号发生器电路组装、调试及故障排除，检测几组电压、输出频率，不需要安装面板及相关旋钮、开关）。

制作电路的原理分析指导参见 3.2.2.4 中的任务实施。

【知识准备】

3.3.1　工具、材料、器件准备

工具：螺丝刀、电烙铁、万用表、镊子、小刀、试电笔、偏口钳等。

材料：单芯铜导线、面包板等。

器件：μA747 集成运算放大器一个，10kΩ 电阻 3 个，20kΩ 电阻 1 个，5.1kΩ 电阻 1 个，100kΩ 可变电阻 1 个，47kΩ 电位器 1 个，10μF 的电容器 1 个，1μF 的电容器 1 个，两孔插头 2 个，选择开关 1 个。

3.3.2　面包板的使用简介

面包板又称万用线路板或集成电路实验板，专为电子电路的无焊接实验实训设计生产的。板子上有很多小插孔，如图 3-55 所示。在电子电路的组装、调试和训练过程中，各种电子元器件可根据需要随意插入或拔出，无需焊接，能节省电路的组装时间，而且元件可以重复使用。其内部结构如图 3-56，每平行塑料槽中插入一条金属片，在同一个槽的插孔通过金属条相通，不同槽的插孔互不相通。

图 3-55　面包板的外形

图 3-56　面包板的反面

3.3.3　集成电路块管脚排列识别方法

半导体集成电路管脚排列常见有按圆周、双列和单列分布三种情况。为识别集成块管脚分布顺序，一般都标有一定标记，主要有以下几种：

① 管键标记：如图 3-57 所示，按圆周分布管脚排列顺序是：从管顶往下看，自管键开始逆时针方向依次是第 1、2、3、…，如 5G1555 等的管脚就是这样排列。

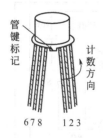

图 3-57　管键标记

图 3-58　弧形凹口标记

② 弧形凹口标记：如图 3-58 所示，弧形凹口位于集成电路的一个端部，按双列直插分布的管脚排列顺序是：正视集成块外壳上所标识的型号，弧形凹口下方左起为该集成块电路的第 1 脚，自此脚开始逆时针方向依次是第 2、3、4、…，如 μPC1353C 等的管脚就是如此标识。

③ 圆形凹坑、小圆圈、色条标记：主要用于双列直插型和单列直插型的集成电路，如图 3-59 所示，此种电路标记与型号均标在外壳的同一平面上。其管脚排列顺序是：正视集成块型号，圆形凹坑下方左起为该集成块电路的第 1 脚。双列直插型集成块，从第 1 脚开始逆时针方向依次是第 2、3、4、…；对于单列直插型的集成块，从第 1 脚开始依次是第 2、

3、4、…脚。

图 3-59 圆形凹坑、小圆圈、色条标记

④ 斜切角标记：一般应用于单列直插型集成电路上，其外形如图 3-60 所示，其管脚排列顺序是：从斜切角的这一端开始，依次是第 1、2、3、…，如 LA4140 等都是使用这种标识识别标记。

不少集成电路块同时使用两种标记，如 μPC1366，既使用弧形凹口，又使用小圆圈标记，但两种标识效果是一致的，如图 3-61 所示；也有少数的集成电路块，只标型号，无其他标记，其管脚排列顺序是：集成块印有型号的一面朝上，正视型号，左下方的第 1 脚为集成电路第 1 脚，按逆时针方向依次是第 2、3、…，如图 3-62 所示。

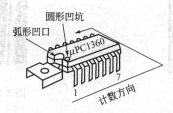
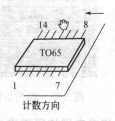

图 3-60 斜切角标记   图 3-61 有多种标记符号   图 3-62 无标记

3.3.4 电子元器件布局

电子元件布局情况如图 3-63。

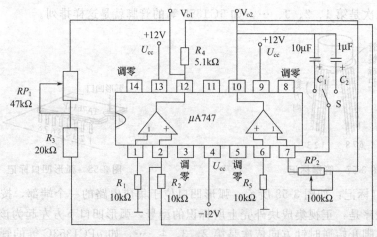

图 3-63 电子元件布局图

3.3.5 信号发生器的制作

3.3.5.1 组装的工艺步骤

① 识读要组装的电路原理图，熟悉电路的基本构成和组成的元器件。

② 熟悉组装要使用的面包板内部结构和集成块管脚的区分。

③ 根据面包板大小尺寸及电路原理图进行布局设计，参照图 3-57。

④ 对照电路图仔细检查布局元件管脚是否插对。

⑤ 配线：用单芯铜导线依据电路图将元器件管脚相连，组成完整电路。

⑥ 再次检查无误后，在教师指导下进行通电测试，分别使用示波器检查两个输出电压波形是否符合方波—三角波波形。

3.3.5.2 组装过程中注意事项

① 正式组装前，必须根据电路图、准备的面包板大小先进行电路组装布局设计，否则会导致因为布局不合理而返工的现象。

② 同型号电阻先插到板上，尽量不要混插，混插看起来会快速，但出错的几率增大了 N 倍。

③ 集成运算器安装时必须分清脚管排列顺序。

④ 插好电阻、集成运算放大器后，再仔细检查电路，确认无误后，再进行配线。

⑤ 通电测试要注意采用的电源电压是否符合要求。

3.3.6 信号发生器电路的参数测试

3.3.6.1 低频信号发生器的主要性能指标与要求

（1）频率范围

频率范围是指各项指标都能得到保证时的输出频率范围，或称有效频率范围。一般为 20Hz～200kHz，现在做到 1Hz～1MHz 并不困难。在有效频率范围内，频率应能连续调节。

（2）频率准确度

频率准确度是表明实际频率值与其标称频率值的相对偏离程度，一般为 ±3%。

（3）频率稳定度

频率稳定度是表明在一定时间间隔内，频率准确度的变化，所以实际上是频率不稳定度或漂移。没有足够的频率稳定度，就不可能保证足够的频率准确度。另外，频率的不稳定可能使某些测试无法进行。频率稳定度分长期稳定度和短期稳定度，且一般应比频率准确度高一至二个数量级，一般应为 (0.1～0.4)%/小时。

（4）非线性失真

振荡波形应尽可能接近正弦波，这项特性用非线性失真系数表示，希望失真系数不超过 (1～3)%，有时要求低至 0.1%。

（5）输出电压

输出电压须能连续或步进调节，幅度应在 0～10V 范围内连续可调。

（6）输出功率

某些低频信号发生器要求有功率输出，以提供负载所需要的功率。输出功率一般为 0.5～5W 连续可调。

（7）输出阻抗

对于需要功率输出的低频信号发生器，为了与负载完美地匹配以减小波形失真和获得最大输出功率，必须有匹配输出变压器来改变输出阻抗以获得最佳匹配。如 50Ω、75Ω、150Ω、600Ω 和 1.5kΩ 等几种。

（8）输出形式

低频信号发生器应可以平衡输出与不平衡输出。

3.3.6.2 低频信号发生器电路的参数测试

（1）测试步骤与技巧

① 准备工作　先接上电源，仔细观察电路，无元器件快速发热或冒烟等现象，预热片刻，使仪器稳定工作后进行参数测试。

② 选择频率　根据测试需要调节电位器选择相应频率范围。例如，需要获得频率为 1000Hz 的正弦信号。

③ 输出电压的调节和测读　调节输出电压，可以连续改变输出信号大小。输出电压的大小可由万用表等读数测定。一般在改变信号频率后，应重新调整输出电压大小。

（2）测试

观察信号发生器电路输出信号：低频信号发生器电路输出已知频率和已知电压的信号。

$f_1 = 10kHz$ 时 $u_1 = 3V$、5V 和 $f_2 = 1kHz$ 时 $u_2 = 3V$、5V。用电子电压表测量输出电压值。用示波器观察输出信号波形，并测量、计算电压（峰—峰值、有效值）、周期、频率。

本任务完成时，可只要求按表 3-2 记录所组装的方波-三角波低频信号发生器电路测试数据。调节电路，用电子电压表测量输出电压值，用示波器观测四种情况下输出频率和 U_{o1} 和 U_{o2} 的波形。

表 3-2　方波-三角波低频信号发生器电路测试数据记录表

序号	电压/V	频率/kHz	U_{o1}输出波形	U_{o2}输出波形
1	3	1		
2	3	10		
3	5	1		
4	5	10		

3.3.7　低频信号发生器电路的故障排除

发现低频信号发生器故障后，先检查各元器件是否出现虚焊或短路等现象。确认电路焊接等无误后，对故障进行分析，弄清可能是哪部分电路或哪个元器件出现问题，可采取测试元器件两端电压或电阻的方法确认元器件本身是否存在故障。

如果出现方波输出不正常，首先要分析方波产生电路，参阅原理图寻找故障点。发现输出端有方波，但波形畸变，所以，首先设置电路的有关参数，即频率为 1kHz，方波幅度控制置于最大输出，功能开关置于方波位。用示波器检查各点波形，通过测各点波形，查找出故障点。

如果出现电压不稳定并有漂移现象。正常情况下调校好后，不会出现漂移现象，而现在出现漂移及不稳定，调整后面板，调不出正确电平，经分析，问题有可能出在两个放大板，两个电平偏离方向相同（都是正或负），故障可以就在 A_1 板（主自动幅度控制板），如两个电平偏离方向不同（一正一负），故障可能出现在 A_2 放大板，为确定故障点，采用了信号跟踪法，将外部信号源接入本机，这个信号源能向 1kΩ 负载提供 1kHz、10Vrms 的正弦波输入。进一步寻找故障。将外部信号源接入本机，这个信号源能向 1kΩ 负载提供 1kHz、10Vrms 的正弦波输入。

【小结】

① 简单低频信号发生器电路图的识图和分析。能看懂电路的组成，能说出电路中主要元器件如集成运算放大器、电阻、电容器的作用。

② 手工组装低频信号发生器的基本工艺与注意事项。分类清理好选用元器件，准备好组装用的材料和工具，无论是采用洞洞板、面包板，还是 PCB 板，都应按照电路布局依次

组装元件，易损元件最后安装。

③ 低频信号发生器基本参数及测试方法。了解基本测试方法，其中主要掌握波形和频率的测试方法。

④ 低频信号发生器故障排除技巧。首先排除各元器件出现虚接或短路等现象的故障，然后对故障进行分析，可采取测试元器件两端电压或电阻的方法确认元器件本身是否存在故障，对输出波形不正常等故障采取参照原理图寻找故障点的方法排除。

【自我评估】

（1）评价方式

① 小组内自我评价：由小组长组织组员对方波-三角波信号发生器组装、制作完成过程与作品进行评价，每个组员必须陈述自己在任务完成过程中所做贡献或起的作用、体会与收获，并递交不少于 500 字的书面报告。小组长根据组员自我评价及作品完成过程中实际工作情况给组员评分。

② 小组互评和教师评价

通过小组作品展示、陈述汇报及平时的过程考核，对小组进行评分。

③ 小组得分＝小组自我评价（30％）＋互评（30％）＋教师评价（40％）

小组内组员得分＝小组得分－（小组内自评得分排名名次－1）

（2）评价内容及标准（表 3-3）

表 3-3　评价内容及标准

分项	评价内容	权重/%	得分
学习态度（30％）	出满勤(缺勤扣 6 分/次,迟到、早退 3 分/次)	30	
	积极主动完成制作任务,态度好	30	
	提交 500 字的书面报告,报告语句通顺,描述正确	20	
	团结协作精神好	20	
电路安装与调试（60％）	熟练说出信号发生器电路工作原理	10	
	会识别集成运算放大器的管脚	10	
	电路元器件安装正确、布局美观	30	
	会对电路进行调试,并能分析小故障出现的原因	30	
	组装电路能实现输出两种波形信号的功能	20	
完成报告（10％）	小组完成的报告规范,内容正确,2000 字以上	50	
	字迹工整,汇报 PPT 课件图文并茂	50	
	陈述汇报思路清晰,表达清楚,组员配合默契	40	

【成果展示】

① 产品组装、调试完成以后，要求每小组派代表对所完成的作品进行展示，显现组装、制作的信号发生器功能，要求显示图 3-64 两种波形。

② 呈交不少于 1000 字的小组任务完成报告，内容包括方波-三角波电路图及工作原理分析、信号发生器的组装、制作工艺及过程、功能实现情况、收获与体会几个方面。

③ 进行作品展示时要制作 PPT 汇报，PPT 课件要美观、条理清晰。

④ 汇报要思路清晰、表达清楚流利，可以小组成员协同完成。

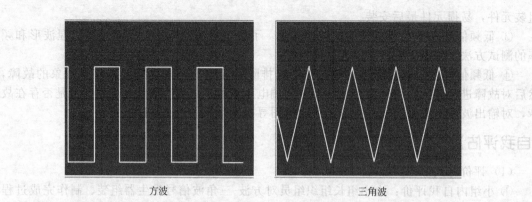

方波　　　　　　　　　　　　三角波

图 3-64　方波、三角波波形显示效果图

【思考与练习】

3.1　分析图 3-65，并写出其振荡周期 T 的计算表达式。

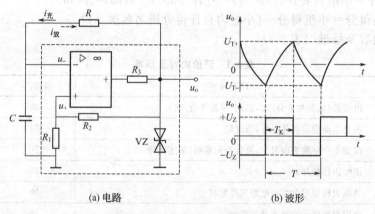

(a) 电路　　　　　　　　　　　(b) 波形

图 3-65　方波发生器电路及波形图

3.2　分析图 3-66，并写出其振荡周期 T 和占空系数 d 的计算表达式。

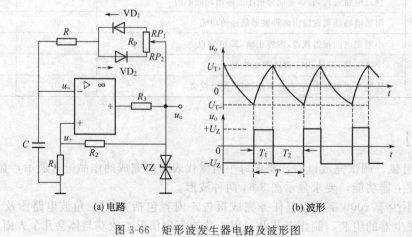

(a) 电路　　　　　　　　　　　(b) 波形

图 3-66　矩形波发生器电路及波形图

知识与技能拓展

一、模拟电子电路图的识读

电子产品大多是由模拟电子电路组成，或者由数字与模拟混合电子电路组成，日常生活和生产中的许多装置和仪器，如扩音器、录音机、温控装置、报警器、万用表、示波器等，都是由模拟电子电路构成（数字产品则由模拟与数字电路共同构成），模拟电子技术知识在生活和生产中有着非常广泛的应用。

学习的目的在于应用，掌握了模拟电子技术的基本知识，就可以运用这些知识来解决实际问题。如对电子产品进行制作、维修；根据实际需要进行电子产品的设计等。而要运用电子技术的基本知识解决实际问题，首先必须会分析或了解电子产品的工作原理，看懂、读懂电子产品的电路图是基本功。

（一）识读电子电路图的基本要求

（1）掌握常用电子元器件的基本知识　要学习并熟练掌握电子产品中常用的电子元器件的基本知识，如电阻器、电容器、电感器、二极管、三极管、可控硅、场效应管、变压器、开关、继电器等，并充分了解它们的分类、性能、特征、特性以及在电路中的符号和在电路中的作用和功能等，根据这些元器件在电路中的作用，知道哪些参数会对电路性能及功能产生影响，产生什么样的影响。

（2）熟练掌握基本单元电子电路知识　必须熟练掌握一些由常用元件组成的、典型的单元电子电路的知识，如：整流电路、滤波电路、稳压电路、放大电路、振荡电路。各种复杂的电子产品电路都是由这些单元电路组合及扩展而成的，掌握这些单元电路的知识，不仅可以深化对电子元器件的认识，而且通过这样的基本训练，能为进一步看懂、读懂较复杂的电路打下良好的基础。

（二）识读电子电路图的基本要领

（1）了解电子产品的基本功能和作用　要看懂、读通电子产品的电路图，必须对该电子产品有一个大致的了解，它的主要功能和作用是什么，可能由哪些电路单元组成。

（2）画出整机方框图并判断信号流程　对于复杂的电路，首先将整个电路进行分解，按照功能不同和信号处理顺序划分为多个单元电路，以方框图的形式去分析电路工作原理，熟悉整个电路的基本结构，明确原理图中各单元电路的功能及主要元器件的作用。

（3）从熟悉的元器件或电路入手分析单元电路　先在电路图中寻找自己熟悉的元器件和单元电路，看它们在电路中起什么作用，然后与它们周围的电路联系，分析周围的电路或元器件怎样与熟悉的元器件或单元电路互相配合，起什么作用。逐步扩展，直到对全图能理解为止。

（4）化特殊电路为一般电路　不同的电路具有不同的结构与原理，但万变不离其宗，只要与掌握的最基本电路相对比，就能发现它们的基本形式差别并不大。所以，只要在掌握基本（熟悉）的电路基础上，重点研究特殊（不熟悉）电路，就能正确、快速地读懂整个电路图。

（三）识读电子电路图的规律与方法

1. 识读电子电路图的一般规律

根据总电路图的结构，按照如下规律进行识读：从左到右、从上到下；从整体结构到局部结构；从核心器件到外围电路；从信号输入端到信号输出端。

2. 识读电子电路图的一般方法

先确定总体信号流程，划分出各单元电路，找出单元电路的输入端和输出端，再分析各单元电路之间的连接情况；先看单元电路的类型，再分析各元器件的运用；先看直流供电电路，再分析交流信号流程。

3. 识读电子电路图的基本步骤

由于电子电路是对信号进行处理的电路，因而读图时，应以信号的流向为主线，以基本单元电路为依据，沿着主要通路，把整个电路划分成若干个具有独立功能的部分进行分析。大致步骤如下。

(1) 了解用途、找出通路　为了弄清电路的工作原理和功能，读图之前，应先了解所读电路用于何处，起什么作用，要完成什么功能。在此基础上，找出信号的传输通路。一般的规律是输入在左方，输出在右方，电源在下方（有时不画出）。由于信号的传输枢纽是有源器件，因此，应以它为中心查找传输通路。

(2) 化繁为简、分析功能　传输通路找出后，电路的主要组成部分就显露出来了。对照所学基本单元电路，将较复杂的原理图划分成若干个具有单一功能的单元电路。然后对每一个单元进行分析，了解各元件的作用，掌握每个部分的原理及功能，并画出单元框图。

(3) 统观整体、综合分析　沿着信号流向，用带箭头的线段（箭头方向代表信号的流向），把单元框图连成整体框图。由此即可看出各基本单元或功能块之间的相互联系，以及总体电路的结构和功能。如有必要可对各单元电路进行定量估算，得出整个电路的性能指标，以便进一步加深对电路的认识，为调试、维修甚至改进电路打下基础。

需要指出的是，对于不同水平的读图者或不同的电子电路，所采取的方法和步骤可能很不一样，上述方法仅供参考。下面通过实际电路介绍读图方法的具体应用。

(四) 电子电路图识读示例

1. 热释电红外传感器的楼道照明灯开关

此照明开关装于楼道出入口，夜晚，行人由楼道口出入时，照明灯自动点亮一段时间后熄灭。白天，照明灯自动停止工作。

电路原理如图 1 所示，在电路中，除热释红外传感器 HN911L 外，其他都是常用的基本元器件，因此，只要了解热释红外传感器 HN911L 的功能和特性，就能读懂电路工作原理。

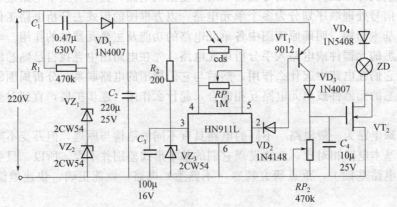

图 1　热释电红外传感器的楼道照明灯开关电路

HN911L 内电路包括高灵敏度红外传感器、放大器、信号处理电路、输出电路等。热释电红外传感器遥测移动人体发出的微热红外信号，送入 HN911L 内部电路经放大处理后，在输出端 2 端得到放大后的电信号。HN911L 的 3 端为电源端（12V）；4、5 端为增益调整端；6 端为接地端；1 端不用（具体参数可查阅相关资料）。

如果按照从电子电路图识读规律分析，该电路的核心元件为 HN911L，根据其引脚功能分析，3 端为电源端，由左边的电路供电。此供电电路虽然与所学电路形式不完全相同，但基本结构相似，与常见的直流稳压电源对比可知此电源供电电路为：220V 市电经 C_1、R_1 降压、VZ_1、VZ_2 对负半波旁路，并对正半波削波、稳压、VD_1 整流、C_2 滤波后得到 12V 直流电压。此电压再经 R_2 降压、DW3 稳压、C_3 滤波后得到 6.2V 电压，加到 HN911L 的 3 端。

由于本电路采用 HN911L，放大电路、信号处理电路、输出电路都集成在其内部，故外围电路非常简单，只需在 HN911L 的 4、5 端接入可调电阻进行增益的调节，以改变其灵敏度。

另外，220V 市电经 C_1、R_1 降压、VZ_1、VZ_2 稳压、VD_1 整流、C_2 滤波后得到的 12V 直流电压，还直接为三极管 VT_1 提供工作电压。

当 HN911L 未探测到红外信号时，输出端 2 端为高电平。VD_2 截止，VT_1 无基极偏置而截止，VT_2 亦截止，灯泡 ZD 不亮。有人进入楼道口时，移动人体发出的红外线被红外传感器接收，经 HN911L 处理后，2 端输出低电平，VD_2 导通，VT_1 导通。12V 直流电压经 VT_1、VD_3 给电容 C_4 充电，VT_2 迅速饱和导通，灯泡 ZD 亮。人走过后，HN911L 的 2 端恢复高电平，VT_1 截止。这时，C_4 放电期间仍维持 VT_2 继续导通。随着 C_4 上电压的下降，VT_2 由饱和区进入放大区直至截止区，ZD 亦相应地由亮逐渐变暗直至熄灭。

电路中，RP_1 为 HN911L 的增益调节电阻，RP_2 为照明延时时间调整电位器。cds 为光敏电阻，白天受光照，电阻极小，使 IC_1 增益极低，2 端不输出电平，夜晚 cds 阻值很大，HN911L 恢复工作。cds 可暴露于灯光下，因为 VT_2 一旦导通，即使 VT_1 立即截止，VT_2 仍可由 C_4 放电来维持工作。

V-MOS 场效应管 VT_2 选用 $BV \geqslant 500V$，3A 的 V-MOS 管，如 BUZ358 等，输入阻抗极高，接在栅源间的电容充电后，电容电压可保持很长时间，在此期间，V-MOS 管导通。利用这一特点，可实现延时功能。

2. 超外差式收音机电路识读

（1）了解用途　图 2 是一个典型的晶体管收音机电路图。其用途是将接收到的高频信号通过输入电路后与收音机本身产生的一个振荡信号一起送入变频管内进行"混合"（混频），混频后在变频级负载回路（选频）产生一个新的频率（差频），即中频（465kHz），然后通过中放、检波、低放、功放后，推动扬声器发声。当然，还要求对振荡频率进行调节（$f_振 - f_信 = 465kHz$），并能调节音量的大小。

（2）寻找通路　指找出信号流向的通路。通常，输入在左方、输出在右方（面向电路图）。信号传输的枢纽是有源器件，所以可按它们的连接关系来找。从左向右看过去，此电路的有源器件为 VT_1（变频管）、VT_2 与 VT_3（中放管）、VT_4 与 VT_5（低放管）、VT_6 与 VT_7（功放管），因此可大致推断信号是从 VT_1 的基极输入，经过振荡并混频后产生中频信号，再经过两级中放，然后由检波器把中频信号变成音频信号，最后经过低放、功放后送至扬声器，这样，信号的通路就大致找了出来。通路找出后，电路的主要组成部分也就弄清楚了。

（3）化整为零　沿信号的主要通路。根据各基本单元电路或功能电路，将原理图分成若

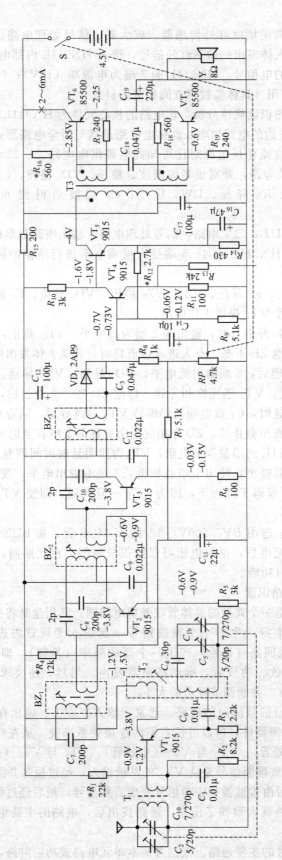

图2 七管收音机电路原理图

干具有单一功能的部分。划分的粗细程度与读者掌握电路类型的多少及经验有关。根据上述通路可清楚地看出，整个电路可分别以 BZ₁ 及 VD₁（2AP9）为界分成三部分，分别称之为变频级、中放级（包括检波级）和低功放级（输出）。

（4）分析功能　划分成单元电路后，根据已有的知识。定性分析每个单元电路的工作原理和功能。

① 输入回路和变频级。该部分的任务是将接收到的各个频率的高频信号转变为一个固定的中频频率（465kHz）信号输送到中放级放大。它涉及两个调谐回路，如图 3 所示。

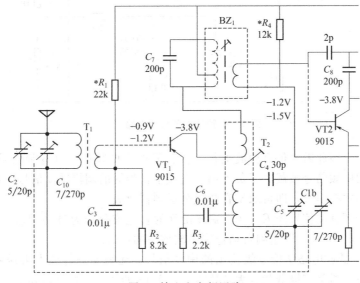

图 3　输入和变频回路

一个是输入调谐回路，另一个是本机振荡回路。输入调谐回路选择电感耦合形式（磁棒线圈 T_1），本机振荡回路选择变压器耦合振荡形式（T_2）。

由于双连可变电容器（C_{1a}、C_{1b}）可同轴同步调谐输入回路和本机振荡回路的槽路频率，因而可使二者的频率差保持不变。

变频级电路的本振和混频由一只三极管 VT₁ 担任。由于三极管的放大作用和非线性特性，所以可获得频率变换作用。从图 4 中可以看出：这是一个振荡电压由发射极注入、信号由基极注入的变频级。两个信号同时在晶体管内混合，通过晶体管的非线性作用再通过中频变压器 BZ₁ 的选频作用，选出频率为 $f_振 - f_信 = 465kHz$ 的中频调幅波送到中放级。

② 中放级（含检波）。中频放大级中放级采用的是两级单调谐中频放大，如图 4 所示。变频级输出的中频调幅波信号由 BZ₁ 次级送到 VT₂ 的基极进行放大，放大后的中频信号再送到 VT₃ 的基极，由 BZ₃ 次级输出被放大的信号。三个中频变压器都应准确调在 465kHz。

中频放大级的特点是用并联的 LC 调谐回路作负载。其原因是：并联谐振回路同串联谐振回路一样，能对某一频率的信号产生谐振，不同的是在谐振时，串联谐振回路的阻抗很小，电路中的电流很大，阻抗越小，Q 值越高；而并联谐振回路在谐振时，阻抗很大，回路两端电压很高，并联阻抗越大，损耗越小，Q 值越高。

由于中频放大器采用了谐振于 465kHz 的并联回路作负载。因此，使用中频放大器后，大大提高了整机的选择性。

检波级在超外差式收音机中，虽然经过变频级把高频信号变成了中频信号，但是中频信

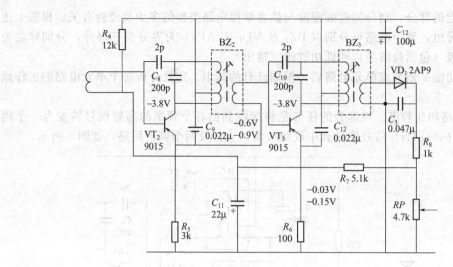

图 4   中频放大和检波电路

号仍然是调幅信号。因此需要依靠检波器把中频信号变成低频信号（音频信号），BZ_3 次级送到检波二极管的中频信号被截去了负半周，变成了正半周的调幅脉动信号，再选择合适的电容量滤掉残余的中频信号，即可取出音频成分送到低放级。

检波输出的音频脉动信号经 R_7、C_{13} 滤波得到的直流成分作为自动增益（AGC）电压。馈入第一中放管 VT_2 基极，以达到自动稳定中放增益的目的。

③ 低功放级。低放电路从检波级输出的中频信号。还需要进行放大再送到扬声器。为了获得较大的增益。通常前级低频放大选用 VT_4、VT_5 两级。如图 5 所示。

VT_4、VT_5 采用直接耦合方式。VT_4 基极的偏置电压取自 VT_5 发射极电阻 R_{14} 上的电压，因此对直流工作点有强烈的负反馈，有利于稳定工作点。低放级与功放级之间的激励采用的是变压器（B_3）耦合方式。

功放级采用两只相同类型的 NPN 管与 VT_6、VT_7 组成 OTL 对称式电路，两管轮流工作，使负载（扬声器）上得到完整的正弦波电压，如图 6 所示。

R_{16}、R_{17} 组成 VT_6 的偏置电路，R_{18}、R_{19} 组成 VT_7 的偏置电路。与负载耦合的电容器 C_{21} 起着重要的作用。利用它的充放电过程代替一个电源的效果，从而减少一个电源（详细原理这里不再赘述）。

R_{15}、C_{12}、C_{16} 组成电源滤波电路，电容 C_{19} 用来改善音质。

（5）统观整体   先将各部分的功能用框图表示出来（可用文字表达式、传输特性、信号波形等方式在框图中注出），然后根据它们之间的关系进行连接画成一个整体的框图，如图 7 所示。

从这个框图就可以看出各单元电路之间是如何互相配合来实现电路功能的。图中标出了各基本单元的名称、相互联系和所对应的电路符号。

至此，电路的基本情况就大致清楚了，需要指出的是：对于不同水平的读图者或不同的电路，所采取的具体步骤可能是不一样的，上述方法仅供参考。至于电路中的次要部分和调整哪些元件的参数能改善哪些技术指标，以及对各部分电路的性能进行定量估算以进一步得出整个电路的性能指标等。则完全根据读图者的能力自行分析了。

下面给出概括读图的口诀：弄清用途，化繁为简，抓住两头，找出电源。以管为主，从左到右，分析电位，揪住地线。

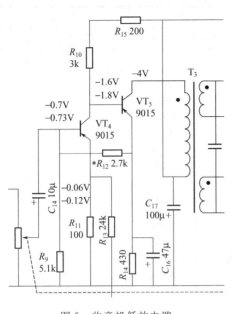

图 5　收音机低放电路

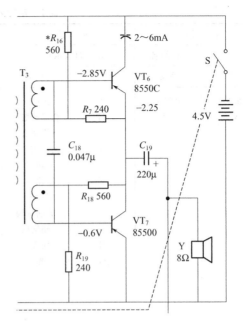

图 6　收音机功放电路

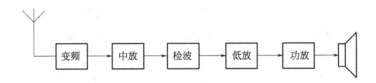

图 7　超外差收音机方框图

抓住两头，是指抓住输入、输出两端（头），分析信号的输入回路和最后输出的控制对象；找出电源，是指搞清楚各部分厅用电源电压的极性和大小以及它们的来源；分析电位、揪住地线，是指分析管子和某一节点的电位变化时，一定要以"共地线"为基准，否则就搞不清电位变化的趋向，这在分析负反馈作用中是尤为主要的。

二、模拟电子电路设计与制作的基本知识

（一）电子电路中常用元件

1. 电阻器

电阻器是电子电路中使用率最高的耗能元件，有固定电阻器和可调电阻器两种基本类型，阻值固定不可调的电阻器称为固定电阻器（简称电阻器或电阻），主要用来降低、分配电压或限制、分配电流。阻值可在预定范围内调节的电阻器称为可调电阻器（简称可调电阻），常用于调节电路中的电位，故又称电位器。此外，还有各种传感电阻器和特殊功能的电阻器也广泛应用于各种电子电路。

（1）电阻的型号命名和符号表示：国产电阻器的型号由四部分组成（不适用敏感电阻），各部分含义如表 1 所示。

例如：RT11 型普通碳膜电阻，WXT1 为线绕可调电位器。

在电子电路中，电阻器图形符号表示如图 8 所示。

表1　电阻器的命名方法

第一部分		第二部分		第三部分		第四部分
用字母表示主体产品名		用字母表示材料		一般用数字表示分类		用数字表示序号
符号	意义	符号	意义	符号	意义	
如 R W	电阻 电位器	T H S N J Y C I P X G	碳膜 合成碳膜 有机实心 无机实心 金属膜 氮化膜 沉积膜 玻璃釉膜 硼碳膜 线绕 光敏	1 2 3 4 5 6 7 8 9 G T X L W D	普通 普通 超高频 高阻 高温 精密 精密 高压 特殊 高功率 可调 小型 测量用 微调 多圈	

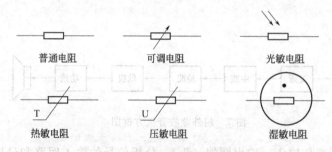

图8　电阻器的图形符号表示

（2）电阻器的主要参数

① 标称阻值：电阻器上面所标示的阻值。电阻器阻值标示方法有以下四种。

直标法：用数字和单位符号在电阻器表面标出阻值，其允许误差直接用百分数表示。若电阻上未注偏差，则均为±20%。

文字符号法：文字符号法规定——用于表示阻值时，字母符号 Ω(R)、k、M、G、T 之前的数字表示阻值的整数值，之后的数字表示阻值的小数值，字母符号表示小数点的位置和阻值单位。

例如：Ω33→0.33Ω　　3k3→3.3kΩ　　33M→33MΩ　　3G3→3.3GΩ

数码法：在电阻器上用三位数码表示标称值的标志方法。数码从左到右，第一、二位为有效值，第三位为指数，即零的个数，单位为欧。偏差通常采用文字符号表示。如 100 表示 10Ω；102 表示 1kΩ。当阻值小于 10Ω 时，用 ×R× 表示，将 R 看作小数点，如 4R7 表示 4.7Ω。

色标法：用不同颜色的带或点在电阻器表面标出标称阻值和允许偏差。国外电阻大部分采用色标法，如图9所示。各种颜色代表的含义如下：黑—0、棕—1、红—2、橙—3、黄—4、绿—5、蓝—6、紫—7、灰—8、白—9、金—±5%、银—±10%、无色—±20%。

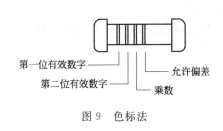

第一位有效数字 —
第二位有效数字 —
— 允许偏差
— 乘数

图 9　色标法

普通电阻器通常用四色环标注，最后一环必为金色或银色，前两位为有效数字，第三位为乘方数，第四位为偏差。

精密电阻器一般都是用五色环标注，最后一环与前面四环距离较大。前三位为有效数字，第四位为乘方数，第五位为偏差。

② 允许误差：标称阻值与实际阻值的差值跟标称阻值之比的百分数称阻值偏差，它表示电阻器的精度。

目前电阻器标称阻值系列有 E6、E12、E24 三大系列。三大标称值系列取值见表2。

表2　电阻器标称阻值系列

标称值系列	允许偏差	电阻器、电位器、电容器标称							
E24	Ⅰ级(±5%)	1.0	1.1	1.2	1.3	1.5	1.6	1.8	2.0
		2.2	2.4	2.7	3.0	3.3	3.6	3.9	4.3
		4.7	5.1	5.6	6.2	6.8	7.5	8.2	9.1
E12	Ⅱ级(±10%)	1.0	1.2	1.5	1.8	2.2	2.7	3.3	3.9
		4.7	5.6	6.8	8.2				
E6	Ⅲ级(±20%)	1.0	1.5	2.2	3.3	4.7	6.8	—	—

注：表中数值乘以 10^n（其中 n 为整数）即为系列阻值。

③ 额定功率：在正常的大气压力 90～106.6kPa 及环境温度为 $-55～+70℃$ 的条件下，电阻器长期工作所允许耗散的最大功率。

线绕电阻器额定功率系列为（W）：

1/20、1/8、1/4、1/2、1、2、4、8、10、16、25、40、50、75、100、150、250、500。

非线绕电阻器额定功率系列为（W）：1/20、1/8、1/4、1/2、1、2、5、10、25、50、100。

通常小于 1W 的电阻器在电路图中不标出额定功率值，大于 1W 的用阿拉伯数字加单位表示如图 10 所示。

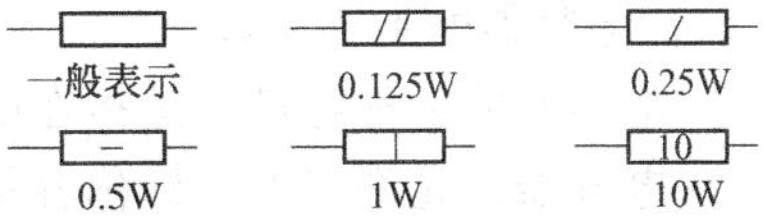

一般表示　0.125W　0.25W
0.5W　1W　10W

图 10　电阻功率的表示

④ 额定电压：由阻值和额定功率换算出的电压。

⑤ 最高工作电压：允许的最大连续工作电压。在低气压工作时，最高工作电压较低。

（3）电阻器的检测与选用　电阻器好坏的判断与检测如下。

首先对电阻器进行外观检查；然后用万用表的电阻挡测量电阻器的阻值。

对于电位器的检测，则首先测量电位器的标称阻值；再测调整端与固定端之间的电阻，在缓慢转动滑动把柄时，如果调整端与固定端之间的电阻能连续、均匀地变化，说明电位器是否接触良好（取指针式万用表合适的电阻挡）；否则有接触不良。最后可测量电位器各端子与外壳及旋转轴之间的绝缘电阻值是否足够大（正常应接近∞）。

电阻器的选用：首先根据不同的用途选择电阻器的种类；其次是正确选取阻值和允许误差；然后是额定功率的选择：选用电阻的额定功率值，应高于电阻在电路工作中实际功率值的 0.5～1 倍。

2. 电容器

电容器是一种储存电能的元件，在电子电路中的使用率仅次于电阻器，主要应用于隔直、耦合、旁路、滤波、调谐回路、能量转换、控制电路等方面。

（1）电容器的型号命名及表示　国产电容器的型号一般由四部分组成（不适用于压敏、可变、真空电容器）。依次分别代表名称、材料、分类和序号。

第一部分：名称，用字母表示，电容器用 C 表示。

第二部分：材料，用字母表示。

第三部分：分类，一般用数字表示，个别用字母表示。

第四部分：序号，用数字表示。

用字母表示产品的材料：A—钽电解；B—聚苯乙烯等非极性薄膜；C—高频陶瓷；D—铝电解；E—其他材料电解；G—合金电解；H—复合介质；I—玻璃釉；J—金属化纸；L—涤纶等极性有机薄膜；N—铌电解；O—玻璃膜；Q—漆膜；T—低频陶瓷；V—云母纸；Y—云母；Z—纸介。

常见电容器的图形符号表示如图 11 所示。

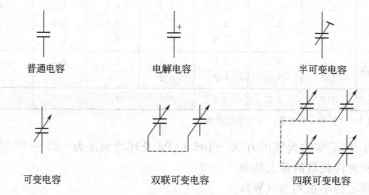

普通电容　　　　　　电解电容　　　　　　半可变电容

可变电容　　　　双联可变电容　　　　四联可变电容

图 11　常见电容器的图形符号表示

（2）电容器的主要参数

① 电容器的标称容量：是指在电容器的外壳表面上标出的电容量值。

② 电容器的允许偏差：标称容量和实际容量之间的偏差与标称容量之比的百分数称为电容器的允许偏差。

标称容量和允许偏差常用的是 E6、E12、E24 系列。

③ 额定电压：额定电压通常也称耐压，表示电容器在使用时所允许加的最大电压值。通常外加电压最大值取额定工作电压的三分之二以下。

④ 绝缘电阻：绝缘电阻表示电容器的漏电性能，绝缘电阻越大，电容器质量越好。但电解电容的绝缘电阻一般较低，漏电流较大。

（3）电容器的标识法

① 直标法：直标法是指在电容体表面直接标注主要技术指标的方法。标注的内容一般有标称容量、额定电压及允许偏差这 3 项参数，体积太小的电容仅标容量一项，如 $10\mu F/16V$。

② 文字符号法：文字符号法是指在电容体表面上，用阿拉伯数字和字母符号有规律地组合来表示标称容量的方法。标注时应遵循以下规则：

● 不带小数点的数值，若无标志单位，则表示皮法拉；

● 凡带小数点的数值，若无标志单位，则表示微法拉。

③ 数码表示法：在一些磁片电容器上，常用 3 位数字表示电容的容量。其中第一、二

位为电容值的有效数字，第三位为倍率，表示有效数字后面零的个数，电容量的单位为 pF。如 102 表示 $10×10^2 pF＝1000pF$；224 表示 $22×10^4 pF＝0.22\mu F$。

④ 色标法：电容器的色标法与电阻器色标法基本相似，标志的颜色符号与电阻器采用的相同，其单位是皮法拉（pF）。

电容器的误差的标注方法如下。

一是将允许误差直接标注在电容体上，例如：±5％，±10％，±20％等。

二是用相应的罗马数字表示，定为Ⅰ级、Ⅱ级、Ⅲ级。

三是用字母表示：G 表示±2％、J 表示±5％、K 表示±20％、N 表示±30％、P 表示＋100％、－10％、S 表示＋50％，－20％、Z 表示＋80％，－20％。

（4）电容器的检测　用普通的指针式万用表就能判断电容器的质量、电解电容器的极性，并能定性比较电容器容量的大小。

① 质量判定：用万用表 $R×1k$ 挡，将表笔接触电容器（$1\mu F$ 以上的容量）的两端子，接通瞬间，表头指针应向顺时针方向偏转，然后逐渐逆时针回复，如果不能复原，则稳定后的读数就是电容器的漏电电阻，阻值越大表示电容器的绝缘性能越好。若在上述的检测过程中，表头指针不摆动，说明电容器开路；若表头指针向右摆动的角度大且不回复，说明电容器已击穿或严重漏电；若表头指针保持在 0Ω 附近，说明该电容器内部短路。

② 容量判定：检测过程同上，表头指针向右摆动的角度越大，说明电容器的容量越大，反之则说明容量越小。此法只能定性比较电容器容量的大小，不能给出准确的数值。

③ 极性判定：将万用表打在 Ω 挡的 $R×1k$ 挡，先测一下电解电容器的漏电阻值，而后将两表笔对调一下，再测一次漏电阻值。两次测试中，漏电阻值小的一次，黑表笔接的是电解电容器的负极，红表笔接的是电解电容器的正极。

可变电容器碰片检测。用万用表的 $R×1k$ 挡，将两表笔固定接在可变电容器的定、动片端子上，慢慢转动可变电容器的转轴，如表头指针发生摆动说明有碰片，否则说明是正常的。

（5）电容器的选用

① 额定电压：所选电容器的额定电压一般是在线电容工作电压的 1.5～2 倍。但选用电解电容器（特别是液体电介质电容器）应特别注意，一是使线路的实际电压相当于所选额定电压的 50％～70％；二是存放时间长的电容器不能选用（存放时间一般不超过一年）。

② 标称容量和精度：大多数情况下，对电容器的容量要求并不严格。但在振荡回路、滤波、延时电路及音调电路中，对容量的要求则非常精确。

③ 使用场合：根据电路的要求合理选用电容器。

④ 体积：一般希望使用体积小的电容器。

3. 电感器

凡是能产生电感作用的元件统称为电感元件，也称电感器，又称为电感线圈。在电子整机中，电感器主要指线圈和变压器等。

（1）电感线圈

① 电感线圈的作用：电感线圈有通直流、阻交流，通低频、阻高频的作用。

② 电感线圈的种类

● 按电感的形式可分为固定电感和可变电感线圈；

● 按导磁性质可分为空芯线圈和磁芯线圈；

● 按工作性质可分为天线线圈、振荡线圈、低频扼流线圈和高频扼流线圈；

● 按耦合方式可分为自感应和互感应线圈；

● 按绕线结构可分为单层线圈、多层线圈和蜂房式线圈等。

（2）电感线圈的主要技术参数

① 电感量：电感量也称作自感系数（L），是表示电感元件自感应能力的一种物理量。L 的单位为 H（亨）、mH（毫亨）和 μH（微亨），三者的换算关系：$1H＝10^3mH＝10^6\mu H$。

② 品质因数：表示电感线圈品质的参数，也称作 Q 值或优值。Q 值越高，电路的损耗越小，效率越高。

③ 分布电容：线圈匝间、线圈与地之间、线圈与屏蔽盒之间以及线圈的层间都存在着电容，这些电容统称为线圈的分布电容。分布电容的存在会使线圈的等效总损耗电阻增大，品质因数 Q 降低。

④ 额定电流：额定电流是指允许长时间通过线圈的最大工作电流。

⑤ 稳定性：电感线圈的稳定性主要指参数受温度、湿度和机械振动等影响的程度。

（3）变压器

① 变压器的作用：主要用于交流电压变换、交流电流变换、阻抗变换。

② 变压器的种类：按使用的工作频率不同，可以分为高频、中频、低频、脉冲变压器等；按其磁芯不同，可以分为铁芯（硅钢片或玻莫合金）变压器、磁芯（铁氧体心）变压器和空心变压器等几种。

常见的变压器的外形及电路符号如图 12 所示。

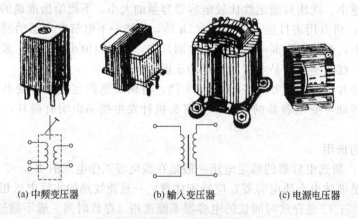

(a) 中频变压器　　　　　(b) 输入变压器　　　　　(c) 电源电压器

图 12　变压器的外形及电路符号

变压器的主要技术参数如下。

① 额定功率：是指变压器能长期工作而不超过规定温度的输出功率。变压器输出功率的单位用 W（瓦）或 V·A（伏安）表示。

② 变压比：是指次级电压与初级电压的比值或次级绕组匝数与初级绕组匝数的比值。

变压器的变压比：$U_1/U_2＝N_1/N_2$

③ 变压器电流与电压的关系：不考虑变压器的损耗，则有 $U_1/U_2＝I_2/I_1$

④ 变压器的阻抗变换关系：设变压器次级阻抗为 Z_2，反射到初级的阻抗为 Z_2'，则有：

$$Z_2'/Z_2＝(N_1/N_2)^2$$

因此，变压器可以做阻抗变换器。

⑤ 效率：是变压器的输出功率与输入功率的比值。一般电源变压器、音频变压器要注意效率，而中频、高频变压器一般不考虑效率。

⑥ 温升：温升是当变压器通电工作后，其温度上升到稳定值时比周围环境温度升高的数值。

⑦ 绝缘电阻：绝缘电阻是在变压器上施加的试验电压与产生的漏电流之比。

⑧ 漏电感：由漏磁通产生的电感称为漏电感，简称漏感。变压器的漏感越小越好。

4. 半导体器件

（1）半导体二极管

二极管的分类：二极管按结构可分为点接触型和面接触型两种。点接触型二极管常用于检波、变频等电路；面接触型主要用于整流等电路中。

二极管按材料可分为锗二极管和硅二极管。锗管正向压降为 0.2~0.3V，硅管正向压降为 0.5~0.7V。

二极管按用途可分为普通二极管、整流二极管、开关二极管、发光二极管、变容二极管、稳压二极管、光电二极管等。常见二极管的外形及电路符号如图 13 所示。

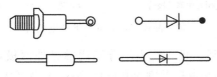

图 13　半导体二极管的外形及电路符号

（2）二极管的主要技术参数

① 最大正向电流 I_F：是指管子长期运行时，允许通过的最大正向平均电流。

② 最高反向工作电压 U_{RM}：指正常工作时，二极管所能承受的反向电压的最大值。一般手册上给出的最高反向工作电压约为击穿电压的一半，以确保管子安全运行。

③ 最高工作频率 f_M：是指晶体二极管能保持良好工作性能条件下的最高工作频率。

④ 反向饱和电流 I_S：是指在规定的温度和最高反向电压作用下，管子未击穿时流过二极管的反向电流。反向饱和电流越小，管子的单向导电性能越好。

（3）二极管的检测　用指针式万用表 $R\times100$ 挡或 $R\times1k$ 挡测其正、反向电阻，根据二极管的单向导电性可知，测得阻值小时与黑表笔相接的一端为正极；反之，为负极。

（4）晶体三极管　晶体三极管又叫双极型三极管，简称三极管。晶体三极管具有电流放大作用，是信号放大和处理的核心器件，广泛用于电子产品中。

晶体三极管的分类：以内部三个区的半导体类型分类，有 NPN 型和 PNP 型；以工作频率分类，有低频管（$f_\alpha<3MHz$）和高频管（$f_\alpha\geqslant3MHz$）；以功率分类，有小功率管（$P_C<1W$）和大功率管（$P_C\geqslant1W$）；以用途分类，有普通三极管和开关管等；以半导体材料分类，有锗和硅晶体三极管等。

常见三极管的外形及电路符号如图 14 所示。

（5）三极管的主要技术参数

① 交流电流放大系数：交流电流放大系数包括共发射极电流放大系数 β 和共基极电流放大系数 α，它是表明晶体管放大能力的重要参数。

② 集电极最大允许电流 I_{CM}：集电极最大允许电流指放大器的电流放大系数明显下降时的集电极电流。

③ 集-射极间反向击穿电压（BV_{ceo}）：集-射间反向击穿电压指三极管基极开路时，集电极和发射极之间允许加的最高反向电压。

④ 集电极最大允许耗散功率（P_{CM}）：集电极最大允许耗散功率指三极管参数变化不超过规定允许值时的最大集电极耗散功率。

（6）晶体三极管的检测　三极管类型和基极 b 的判别：将指针式万用表置于 $R\times100$ 挡

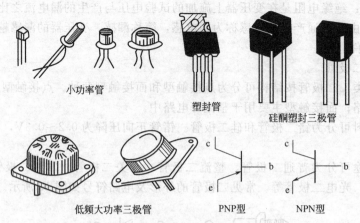

图 14　常见晶体三极管的外形及电路符号

小功率管

塑封管

硅酮塑封三极管

低频大功率三极管　　　PNP型　　　NPN型

或 $R \times 1k$ 挡，用黑表笔碰触某一极，红表笔分别碰触另外两极，若两次测量的电阻都小（或都大），黑表笔（或红表笔）所接管脚为基极且为 NPN 型（或 PNP）。

发射极 e 和集电极 c 的判别：若已判明基极和类型，任意设另外两个电极为 e、c 端。判别 c、e 时按图 15 所示进行。以 PNP 型管为例，将万用表红表笔假设接 c 端，黑表笔接 e 端，用潮湿的手指捏住基极 b 和假设的集电极 c 端，但两极不能相碰（潮湿的手指代替图中 100k 的 R）。再将假设的 c、e 电极互换，重复上面步骤，比较两次测得的电阻大小。测得电阻小的那次，红表笔所接的管脚是集电极 c，另一端是发射极 e。

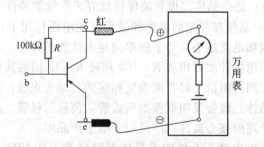

图 15　用万用表判别 PNP 型三极管的 c、e

（7）场效应晶体管　场效应晶体管为单极型（只有一种载流子参与导电）三极管，简称场效应管，属于电压控制型半导体器件。

① 特点：场效应管具有输入阻抗很高，功耗小、安全工作区域宽和易于集成等特点，因此广泛用于数字电路、通信设备和仪器仪表等方面。

② 分类：常用的有结型和绝缘栅型（即 MOS 管）两种，每一种又分为 N 沟道和 P 沟道。场效应管的三个电极为源极（S）、栅极（G）与漏极（D）。

场效应管的电路符号如图 16 所示。其中（a）是 N 沟道结型场效应管，（b）是 P 沟道结型场效应管，（c）是 P 沟道增强型绝缘栅管，（d）是 N 沟道增强型绝缘栅管，（e）是 P 沟道耗尽型绝缘栅管，（f）是 N 沟道耗尽型绝缘栅管。

（8）场效应晶体管的技术参数　主要有夹断电压 U_P（结型）、开启电压 U_T（MOS 管）、饱和漏极电流 I_{DSS}、直流输入电阻、跨导、噪声系数和最高工作频率等。

（9）场效应晶体管使用注意事项

● MOS 器件保存时应将三个电极短路放在屏蔽的金属盒中，或用锡纸包装。

● 取出的 MOS 器件不能在塑料板上滑动，应用金属盘来盛放待用器件。

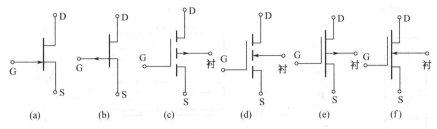

图 16　场效应管的电路符号

- 焊接用的电烙铁必须接地良好或断开电源用余热焊接。
- 在焊接前应把电路板的电源线与地线短接，待 MOS 器件焊接完成后再分开。
- MOS 器件各端子的焊接顺序是漏极、源极、栅极，拆下时顺序相反。
- 不能用万用表测 MOS 管的各极，检测 MOS 管要用测试仪。
- MOS 场效应晶体管的栅极在允许条件下，最好接入保护二极管。
- 使用 MOS 管时应特别注意栅极的保护（任何时候不得悬空）。

（10）单结晶体管　单结晶体管有一个 PN 结（所以称为单结晶体管）和三个电极（一个发射极和两个基极），所以又称双基极二极管。单结晶体管有三只端子，其中一个是发射极（e），另外两个是基极（B₁ 和 B₂）。它具有负阻特性，即发射极电流增大时，其电压降低。单结晶体管广泛应用于振荡电路、定时电路及其他电路中。

单结晶体管又叫双基极二极管，单结晶体管的结构、等效电路及电路符号如图 17 所示。

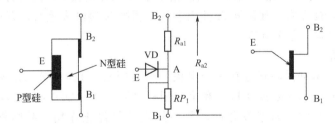

图 17　单结晶体管的结构、等效电路及电路符号

判断单结晶体管发射极 E 的方法是：把万用表置于 $R\times100$ 挡或 $R\times1k$ 挡，黑表笔接假设的发射极，红表笔接另外两极，当出现两次低电阻时，黑表笔接的就是单结晶体管的发射极。单结晶体管 B₁ 和 B₂ 的判断方法是：把万用表置于 $R\times100$ 挡或 $R\times1k$ 挡，用黑表笔接发射极，红表笔分别接另外两极，两次测量中，电阻大的一次，红表笔接的就是 B₁ 极。

应当说明的是，上述判别 B₁、B₂ 的方法，不一定对所有的单结晶体管都适用，有个别管子的 E-B₁ 间的正向电阻值较小。不过准确地判断哪极是 B₁，哪极是 B₂。在实际使用中并不特别重要。即使 B₁、B₂ 用颠倒了，也不会使管子损坏，只影响输出脉冲的幅度（单结晶体管多作脉冲发生器使用），当发现输出的脉冲幅度偏小时，只要将原来假定的 B₁、B₂ 对调即可。

5. 晶闸管

晶闸管又称可控硅（SGR），可用微小的信号对大功率的电源进行控制和变换。

晶闸管的结构、外形及电路符号如图 18 所示。

晶闸管的分类：晶闸管有单向、双向、可关断、快速、光控晶闸管等，目前应用最多的是单向、双向晶闸管。

（1）单向晶闸管

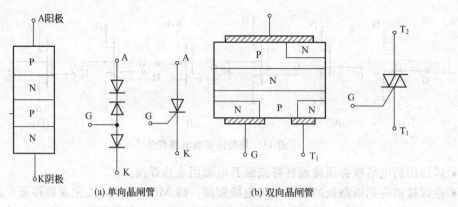

(a) 单向晶闸管　　　　　　(b) 双向晶闸管

图 18　晶闸管的结构及电路符号

① 结构及特点：单向晶闸管有三个 PN 结，共有三个电极，分别称为阳极（A）和阴极（K），由中间的 P 极引出一个控制极（G）。用一个正向的触发信号触发它的控制极度（G），一旦触发导通，即使触发信号停止作用，晶闸管仍然维持导通状态。要想关断，只有把阳极电压降低到某一临界值或者反向。

② 极性及质量的检测：万用表选用电阻 $R \times 1$ 挡，用红黑两表笔分别测任意两端子间正反向电阻直至找出读数为数十欧姆的一对端子，此时黑表笔接的端子为控制极 G，红表笔接的端子为阴极 K，另一空端为阳极 A。此时将黑表笔接已判断了的阳极 A，红表笔仍接阴极 K。此时万用表指针应不动。用短接线瞬间短接阳极 A 和控制极 G，此时万用表指针应向右偏转，阻值读数为 10Ω 左右。如阳极 A 接黑表笔，阴极 K 接红表笔时，万用表指针发生偏转，说明该单向可控硅已击穿损坏。

（2）双向晶闸管

① 结构及特点：双向晶闸管也有三个电极：第一阳极（T_1）、第二阳极（T_2）与控制极（G）。双向晶闸管的第一阳极（T_1）和第二阳极（T_2）无论加正向电压或反向电压，都能触发导通。同理，当它一旦触发导通，即使触发信号停止作用，晶闸管仍然维持导通状态。

② 极性的检测：首先找出主电极 T_2。将万用表置于 $R \times 100$ 挡，用黑表笔接双向晶闸管的任一个电极，红表笔分别接双向晶闸管的另外两个电极，如果表针不动，说明黑表笔接的就是主电极 T_2。否则就要把黑表笔再调换到另一个电极上，按上述方法进行测量，直到找出主电极 T_2。T_2 确定后再按下述方法找出 T_1 极和 G 极。用万用表 $R \times 10$ 挡或 $R \times 1$ 挡测 T_1 和 G 之间的正、反向电阻，如一次是 22Ω 左右，一次是 24Ω 左右，则在电阻较小的一次（正向电阻）黑表笔接的是主电极 T_1，红表笔接的是控制极 G。

6. 光电器件

（1）发光二极管　发光二极管也是由半导体材料制成的，能直接将电能转变为光能。与普通二极管一样具有单向导电性，但它的正向压降较大，红色的在 $1.6 \sim 1.8V$ 之间，绿色的约为 2V。图 19 为发光二极管外形及电路符号。

使用注意事项：若用电源驱动，要选择好限流电阻；交流驱动时，应并联整流二极管进行保护。

发光二极管的正、负极可以通过查看端子（长端为正）或内芯结构来识别。检测发光二极管正、负极要用设有 $R \times 10k$ 挡、内装 9V 或 9V 以上电池的万用表来进行测量，用 $R \times 10k$ 挡测正向电阻，用 $R \times 1k$ 挡测反向电阻。

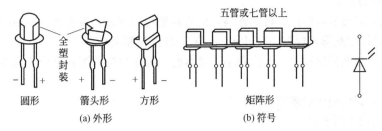

图 19　发光二极管外形及电路符号

（2）光电二极管和光电三极管　光电二极管和光电三极管均为红外线接收管。这类管子能把光能转变成电能，主要用于各种控制电路。

① 光电二极管：光电二极管又叫光敏二极管，其构成和普通二极管相似，它的管壳上有入射光窗口，可以将接收到的光线强度的变化转换成为电流的变化。

② 光电三极管：光电三极管也是靠光的照射来控制电流的器件，一般只引出集电极和发射极，其外形和发光二极管相似。

光电三极管可以用指针式万用表 $R \times 1k$ 挡测试。光电三极管的简易测试方法如表 3 所示。

表 3　光电三极管简易测试方法

	接法	无光照	在白炽灯光照下
测电阻挡 $R \times 1k$	黑表笔接 c，红表笔接 e	指针微动接近∞	随光照变化而变化，光照强度增大时，电阻变小，可达 1000Ω
	黑表笔接 e，红表笔接 c	电阻为∞	电阻为∞（或微动）
电流 50μA 挡或 0.5mA 挡	电流表串在电路中，工作电压为 10V	小 于 0.3μA（用 50μA 挡）	随光照增加而加大，在零点几毫安至 5mA 之间变化（用 5mA 挡）

（3）光电耦合器　光电耦合器是以光为媒介、用来传输电信号，能实现"电→光→电"的转换。输入电信号与输出电信号间既可用光来传输，又可通过光隔离，从而提高电路的抗干扰能力。光电耦合器通常是由一只发光二极管和一只受光控的光敏晶体管（常见的为光敏三极管）组成的。其结构如图 20 所示。

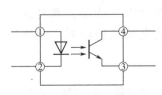

图 20　光电耦合器结构

光电耦合器的工作过程：当发光二极管加上正向电压时，使光敏三极管的内阻减少而导通；反之，当发光二极管不加正向电压或所加正向电压很小时，光敏三极管的内阻增大而截止。

7．集成电路（IC）

集成电路是利用半导体工艺或厚、薄膜工艺将电路的有源元件、无源元件及其连线制作在半导体基片上或绝缘基片上，形成具有特定功能的电路，并封装在管壳之中，英文缩写为 IC，也俗称芯片。

（1）特点　具有体积小、重量轻、功耗低、成本低、可靠性高、性能稳定等优点。

（2）集成电路的种类

① 按照制作工艺分：可分为半导体集成电路、薄膜集成电路、厚膜集成电路和混合集成电路四类。

② 按照功能分类：按其功能不同可分为模拟集成电路、数字集成电路和微波集成电路。

③ 按集成规模分：按集成度高低可分为小规模（SSI）、中规模（MSI）、大规模（LSI）及超大规模（VLSI）集成电路四类。

④ 按电路中晶体管的类型分：可分为双极型和单极型集成电路两类。

（3）集成电路的封装

① 金属封装：封装散热性好，可靠性高，但安装使用不方便，成本高。一般高精密度集成电路或大功率器件均以此形式封装。按国家标准有 T 型和 K 型两种。

② 陶瓷封装：封装散热性差，但体积小、成本低。陶瓷封装的形式可分为扁平型和双列直插式型。

③ 塑料封装：目前使用最多的封装形式。

（4）集成电路的使用常识

① 圆形封装：将管底对准集成电路，端子编号按顺时针方向排列（现应用较少）。

② 单列直插式封装（SIP）：集成电路端子朝下，以缺口、凹槽或色点作为端子参考标记，端子编号顺序一般从左到右排列。

③ 双列直插式封装（DIP）：集成电路端子朝上，以缺口或色点等标记为参考标记，端子编号按顺时针方向排列；反之，端子按逆时针方向排列。

④ 三端封装：正面（印有型号商标的一面）朝向集成电路，端子编号顺序自左向右方向。

（5）使用注意事项

① 集成电路在使用情况下的各项电性能参数不得超出该集成电路所允许的最大使用范围。

② 安装集成电路时要注意方向不要搞错。

③ 在焊接时，不得使用大于 45W 的电烙铁。

④ 焊接 CMOS 集成电路时要采用漏电流小的烙铁或焊接时暂时拔掉烙铁电源。

⑤ 遇到空的引出端时，不应擅自接地。

⑥ 注意端子承受的应力与端子间的绝缘。

⑦ 对功率集成电路需要有足够的散热器，并尽量远离热源。

⑧ 切忌带电插拔集成电路。

⑨ 集成电路及其引线应远离脉冲高压源。

⑩ 防止感性负载的感应电动势击穿集成电路。

8. 电声器件

在电路中用于完成电信号与声音信号相互转换的元件称为电声器件。

（1）扬声器　又称"喇叭"，是一种电-声转换器件，其作用是将电能（电信号）转换成声能（音频信号）并辐射出来。在电路中用字母"B"或者"BL"表示。常见的有电动式、励磁式、舌簧式和晶体压电式等几种，应用最广的是电动式扬声器。此外还有压电陶瓷扬声器、耳机。

使用时主要注意以下几个参数。

① 标称功率：长时间正常工作时输入的电功率。常用功率为 0.1W，0.25W，0.5W，1W，3W，5W，10W，50W，100W，200W。扬声器所能承受的最大功率大于额定功率的 1.5～2 倍。

② 标称阻抗：扬声器在额定功率下的交流阻抗值。常用有 4Ω，8Ω，16Ω，32Ω。数值上约为扬声器音圈直流值得 1.2～1.3 倍。

③ 频率响应特性：扬声器输出声压随输入信号频率而变化的特性，在扬声器加上恒定幅值的不同频率的音频信号，检测扬声器的输出声压。

（2）传声器　俗称"话筒"，是一种能将声音信号转换成电信号的器件，作用与扬声器相反。在电路中用字母"B"或者"BM"表示。常见的有动圈式、压电晶体式、驻极体式、电容式、压电陶瓷式等。

传声器使用时应注意的参数与扬声器类似，特别要注意的是它的输出阻抗。

（3）蜂鸣器　蜂鸣器是一种一体化结构的电子讯响器，采用直流电压供电，广泛应用于各种电子产品中作发声器件。在电路中用字母"H"或者"HA"表示。

9．表面安装元器件

随着电子科学理论的发展和工艺技术的改进，出现了表面安装技术，简称 SMT（Surface Mount Technology）。

SMT：是包括表面安装器件（SMD）、表面安装元件（SMC）、表面安装印制电路板（SMB）及点胶、涂膏、表面安装设备、焊接及在线测试等在内的一套完整工艺技术的统称。SMT 发展的重要基础是 SMD 和 SMC。

SMC 和 SMD：称为表面安装元器件，又称为贴片元器件或片式元器件。

（1）表面安装元器件的特点

① 提高了组装密度。

② 无引线或引线很短，改善了高频特性。

③ 形状简单、结构牢固，提高了可靠性和抗振性。

④ 组装时没有引线的打弯、剪线，降低了成本。

⑤ 形状标准化，适合于用自动贴装机进行组装。

（2）表面安装元器件的种类　片式元器件按其形状可分为矩形、圆柱形和异形（如翼形、钩形等）三类；按其功能可分为无源、有源和机电元器件三类。外形如图 21 所示。

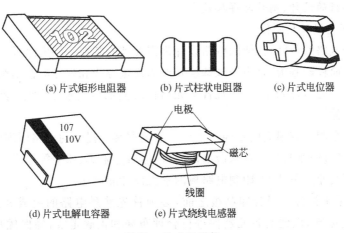

(a) 片式矩形电阻器　(b) 片式柱状电阻器　(c) 片式电位器

(d) 片式电解电容器　(e) 片式绕线电感器

图 21　片式元器件

（3）表面安装元器件的识别

① SMC 电阻器：精度为 ±5% 的贴片电阻一般是用三位数来表示，其中前两位数字表示电阻值的有效数字，第三位是前两位数的倍乘率，即 10 的整数次幂。电阻单位为 Ω（欧姆），字母 R 表示小数点的位置。

例如：5R1（5.1Ω）　　　　364（360kΩ）

　　　125（1.2MΩ）　　　820（82Ω）

精度为 ±1% 的电阻一般多数采用 4 位数来表示，这样前三位表示的是有效数字，第四位表示 10 的整数次幂，即有多少个零。

例如：4531 也就是 4530Ω，也就等于 4.53kΩ。

② SMC 电容器：SMC 电容器的静电容量一般是采用三位数字表示的。一般情况下静电容量的单位为皮法（pF），但电解电容器为微法（μF）。

例如：103（0.01μF）

目前越来越多的 SMC 电容器采用一个英文字母与一位数字表示静电容量,其中英文字母代表容量的有效值,而数字则表示有效值的倍乘率,单位为 pF。

例如:G3(1800pF)　　　　　C6(1.2μF)　　　　　A4(0.01uF)

10. 其他元器件

(1)传感器　传感器是一种能将非电量信号转换成为与其变化相对应电信号的敏感器件,通常由敏感元件和转换元器件等组成。

常用的微型传感器有温度传感器、光敏传感器、气敏传感器、热释电传感器、磁敏器和力敏感器、超声波传感器等。使用时主要注意其工作电压与电流。

(2)继电器　继电器是在自动控制电路中起控制与隔离作用的执行部件,它实际上是一种可以用低电压、小电流来控制大电流、高电压的自动开关。

常用的继电器主要有电磁式、干簧式、磁保持式、步进式和固态继电器。使用最多的是电磁式继电器。使用时主要应注意如下几个技术参数。

① 工作电压:继电器可靠工作时的电压称额定电压。

② 吸合电流:继电器所有触点从释放状态到达工作状态的电参量最小值。

③ 释放电流:继电器所有触点恢复到释放状态时所需电参量的最大值。

④ 吸合时间:继电器从通电到触点全部达到工作状态所需的时间。

(二)印刷电路板的设计、制作与焊接技术

1. 印刷电路板的设计与制作

电路板是电子电路的载体,任何的电路设计都需要被安装在一块电路板上,才可以实现其功能。印刷电路板简称印制板,是由绝缘基板及作为连接导线和焊盘的铜箔组成,利用印制板可以将电路中的各个元器件固定,并实现各个元器件之间的电气连接,经过装配,使元器件和电路板成为一个整体。

工厂制作与业余制作有很大的不同。工厂一般根据客户提供的电路原理图用计算机设计出印刷板图,然后经过照相制版等技术做出印制板,然后上阻焊、印字等形成成品,需要一系列专用设备。下面介绍业余条件下,印制电路板的手工设计和制作。

(1)印制板的手工设计　设计印制板之前,必须首先熟悉电路的组成和工作原理,了解信号的性质和来龙去脉,以便对各元器件进行合理布局和正确走线,确保优良的电气性能。

根据电路原理图中的信号流程,按照各元器件的实际尺寸,进行布局和走线。元器件布局和走线的基本原则是:前后级分明,高低频部分分离,小功率与大功率单元分开,直线尽量短。

① 布局、走线注意事项

● 测试点设置:为便于测试,在需要检测的部位设置电压探测导线柱或电流检测切口焊盘。

● 磁性元件安排:一般音频变压器应远离电源变压器,中周、天线磁棒应远离扬声器。

● 发热器件散热:发热量较多的元器件的底部,印制板应开孔,以增强散热效果。

印制板导线走向及形状,一般遵循下列原则。

● 以短为佳,能走捷径就不要绕远。

● 走线平滑自然为佳,避免急拐弯和尖角。

● 公共地线应尽可能多地保留铜箔。

② 元器件排列和有关尺寸

元器件的排列

元器件的排列通常有三种：不规则排列、坐标排列和网格排列。

不规则排列在以分立元件为主的印制板中较多采用；坐标排列是使各元器件的轴线方向一致并与印制板边缘垂直或平行；网格排列中的每一个安装孔均设计在正方形网格的交点上，交点间距与集成电路、多位开关、接插件等元器件的端子间距一致。

安装孔距及元器件间距

有些元器件如普通电阻器、电容器等，具有较长且可折弯的端子，它们的焊接孔距设计具有一定的伸缩性。可根据实际需要，灵活安排孔距。

大功率管、多位开关、继电器等元器件，其端子短且不宜折弯，这类元器件的安装尺寸有严格要求，设计孔距时，必须注意精度。

印制导线宽度及间距

印制导线的宽度由工作电流决定。通过的电流越大，印制导线应当越宽；一般以不小于1mm为宜。公共地线则根据条件许可，越宽越好。印制导线之间的间距由安全工作电压决定。印制导线宽度及间距与电流、电压的关系如表4所示。

表4　印制导线间距最大允许工作电压

导线间距/mm	0.5	1	1.5	2	3
工作电压/V	50	200	300	500	700
导线宽度/mm	0.5	1	1.5	2	
允许电流/A	0.8	1.0	1.3	1.9	

引线孔径及焊盘外径

引线孔径尺寸主要由母线剖面大小决定，孔径过小插装困难，焊接时不易浸润。孔径过大则易使元器件歪斜且形成焊接气孔。引线孔径以实际线径加上 (0.2 ± 0.1)mm 为宜。

焊盘的基本形状为圆环形。根据元器件端子形状和实际需要，焊盘形状还可以是其他形状。焊盘外径尺寸主要由元器件端子剖面大小决定，单面板焊盘外径就大于引线孔径1.5mm以上。

（2）印制板的手工制作　制作印制板的基本材料是敷铜板，敷铜板是由1～2mm厚的环氧树脂板或纸板等绝缘且有一定强度和方便加工的材料构成基板，并在基板上覆上一层0.1mm左右的铜箔而成，如果只有一面敷有铜箔，就叫单面敷铜板，如果两面都有铜箔，就叫双面敷铜板。按照设计的印制板版图，在敷铜板上留下电路连线相应的铜箔，去掉其余的铜箔，就形成了印制电路板，简称印制板。

根据印制板版图，在敷铜板上手工制作出相应的印制线路，一般有雕刻法和蚀刻法两种。

① 雕刻法：即用刻刀将敷铜板上不需要的铜箔去掉，留下焊盘和印制导线，形成印制板。具体步骤如下。

● 下料：按实际尺寸将敷铜板剪裁成型。

● 冲点：将设计好的印制板版图粘贴在敷铜板上，用冲头按端子孔位置一一冲点、定位。注意冲击力度，用力过猛易损坏敷铜板，用力过轻则影响定位、钻孔。

● 钻孔：端子孔位置定位冲点后，再按端子孔直径要求钻孔，每一孔均为焊盘环内径。

● 连线：按印制板版图要求在焊接面连线。连线时可用HB或更软的铅笔，或者采用其他方法如描图、复印等方法，在敷铜板上留下电路印制导线的清晰线条。

- 分割：用刻刀将焊盘和印制导线以外的铜箔分离开来，即成为实际的印制板。刻刀可选用有玻璃刀、木夹板工艺刀，也可采用断钢锯条加工出刃口代用。
- 修补：将焊盘和印制导线修刻成型。
- 表面处理：用水砂纸擦去毛刺和敷铜表面的氧化层和油污。
- 涂助焊剂：将助焊剂（或松香酒精溶液）均匀地涂在表面处理过的印制板上，既可助焊，又能保护敷铜面、防止氧化锈蚀。

② 描图蚀刻法：用保护液直接在铜箔面（焊接面）描绘出设计好的印制板版图，再用腐蚀剂将印制图外的敷铜处理掉。具体步骤如下。

- 下料、冲定位点、钻孔、连线等，同雕刻法。
- 用稀稠适宜的油漆或油墨，直接在铜箔面上描绘出设计好的印制版图，在油漆或油墨未干透前，及时补缺、修正好。
- 蚀刻：待描图油漆或油墨干燥后，将板子浸入浓度 $28\% \sim 42\%$ 的三氯化铁溶液中，为加快蚀刻速度，可辅以晃动、加温。
- 去膜：在温水中浸泡片刻，即可去除描图漆膜，再用水砂纸等清除敷上的氧化膜。
- 涂助焊剂：同雕刻法。

手工制作印制板还有很多其他方法，如贴图法、油印法、热转印法等，其基本原理相同。基本过程是：锯好适当尺寸的敷铜板。清洗铜箔表层上的氧化物和油垢。可以用水砂皮轻轻擦，或用去污粉擦洗，也可用牙膏擦洗，直到看见黄澄澄的铜箔为止。

先在纸上按电路要求绘制好印刷线路图，然后用贴图、油印、热转印等方法印到铜箔上。用小号毛笔蘸上有色油漆，沿着铜箔上的线路细心描绘（或其他方法覆盖需要留下的线路）。线条粗细适宜，不该连接的不能有油漆。待油漆干后，用双面刀或其他刀刃很薄的小刀，细心修改线路，不能碰坏需要的油漆，使线路光滑美观，粗细均匀，并核对原电路，检查是否有误。

取一只玻璃或搪瓷容器，大小由线路板的大小决定。在容器中放入固态三氯化铁（化学实验室中常见的化学药品），加水使三氯化铁溶解成三氧化铁溶液，配制的浓度一般观其颜色，接近深咖啡色便可以了。溶液的量只要能浸没线路板即可。用软毛刷（毛笔）轻轻涮洗铜箔表面，可使腐蚀快一些，但不能碰落油漆，过一段时间，绘有油漆的铜箔被留了下来，其余的被三氯化铁溶液腐蚀掉了。

腐蚀好的线路板用清水冲洗干净，用细砂皮将油漆轻轻擦掉。也可以用香蕉水擦洗。擦干水分，用直径约 1mm 的钻头，在相应的位置上钻孔。最后，把松香溶解在无水酒精中制成助焊保护剂，涂在线路板上。印刷线路板便制成了。

2. 电子焊接与拆焊技术

焊接技术是电子产品制作必须掌握的一门基本功。焊接技术直接影响到电子产品制作质量的好坏。专业厂家大批量焊接使用的是专门的焊接设备，如超声波浸焊机、波峰焊机、各种再流焊机等。业余制作和电子产品维修和调试时，采用的是最基本的手工烙铁焊，即使用电烙铁进行焊接。还有一种热风焊台（或热风枪），主要用来对片式元器件进行焊接或拆焊。关于使用电烙铁进行焊接的知识在项目一中已作详细介绍，这里不再重复。

（三）模拟电子电路设计的基本方法与步骤

各种电子产品虽然性能、用途各不相同，但就其电子电路部分而言，可以说都是由一些基本单元组成的。它们的基本结构方面有着共同的特点，一般来说，典型的模拟电子产品都包括以下四个部分：一是传感器部分；二是信号放大和变换部分；三是执行机构部分；四是供电电源部分。如图 22 所示。

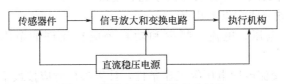

图 22　模拟电子产品的基本结构

模拟电子电路的设计，就是要利用各种已有的元器件、典型的基本单元电路组合起来，形成具有一定功能完整的模拟电子电路。因此，设计电路时，要求熟练掌握常见或者常用的单元电路的原理，如电源模块，稳压模块，放大电路等，以及常用元器件的性能、参数等。

1. 电子电路设计的基本方法

进行电路设计时，要根据所要设计的电路实现的功能，将自己所要设计的电路划分成几个模块，这样将复杂的电路分解成若干个独立的单元电路。

然后，根据各单元电路的功能，对每个独立单元电路进行设计，选择合适的元器件和电路形式来完成每个单元电路的功能，分别设计在不同的原理图里。

最后，将各单元电路进行整合。各单元电路之间的连接应该匹配，各项技术指标都达到要求。

2. 电子电路设计的基本步骤

（1）选择总体方案　设计电路的第一步就是选择总体方案。

所谓总体方案是用具有一定功能的若干单元电路构成一个整体，以满足设计所提出的要求和性能指标，实现各项功能。

满足设计功能的整体方案可能有多种，选择总体方案就是从众多的方案中选择一种简单、经济、实用、可靠的方案，来进行具体的设计。

总体方案选择要按照系统总的要求，把电路划分成若干个功能块，得出能表示单元功能的整机原理框图。画出系统框图中每框的名称、信号的流向，各框图间的接口。按照系统性能指标要求，规划出各单元功能电路所要完成的任务，确定输出与输入的关系，确定单元电路的结构。

框图应能说明方案的基本原理，应能正确反映系统完成的任务和各组成部分的功能，清楚表示出系统的基本组成和相互关系。

（2）设计单元电路　设计单元电路的一般方法和步骤如下。

① 根据设计要求和已选定的总体方案原理框图，确定对各单元电路的设计要求，拟定主要单元电路的性能指标、与前后级之间的关系、分析电路的构成形式。应注意各单元电路之间的相互配合，注意各部分输入信号、输出信号和控制信号的关系。

② 拟定好各单元电路的要求后，按信号流程顺序分别设计各单元电路。

③ 选择单元电路的组成形式。一般情况下，应查阅有关资料，以丰富知识，开阔眼界。

④ 从已掌握的知识和了解的各种电路中选择一个合适的电路。如确实找不到性能指标完全满足要求的电路时，也可选用与设计要求比较接近的电路，然后调整电路参数。

在单元电路的设计中特别要注意保证各功能块协调一致地工作。

（3）参数计算　为保证单元电路达到功能指标要求，常需计算某些参数。例如放大器电路中各电阻值、放大倍数，振荡器中电阻、电容、振荡频率等参数。只有很好地理解电路的工作原理，正确利用计算公式，计算的参数才能满足设计要求。

一般来说，计算参数应注意以下几点。

① 各元器件的工作电压、电流、频率和功耗等应在允许的范围内，并留有适当的裕量。

② 对于环境温度、交流电网电压等工作条件，计算参数时应按最不利的情况考虑。

③ 涉及元器件的极限参数必须留有足够的裕量，一般按 1.5 倍左右考虑。例如，如果实际电路中三极管 UCE0 的最大值为 20V，那么挑选三极管时应按 UCE0 30V 考虑。

④ 电阻值尽可能选在 1MΩ 范围内，最大一般不应超过 10MΩ，其数值应在常用电阻标称值系列之内，并根据具体情况正确选择电阻的品种。

⑤ 非电解电容尽可能在 100pF～0.1μF 范围内选择，其数值应在常用电容器标称值系列之内，并根据具体情况正确选择电容的品种。

⑥ 在保证电路性能的前提下，尽可能设法降低成本，减少器件品种，减少元器件的功耗和减小体积，为安装调试创造有利条件。

⑦ 有些参数很难用公式计算确定，需要设计者具备一定的实际经验。如确实无法确定，个别参数可待仿真时再确定。

（4）仿真和实验　仿真和实验要完成以下任务。

① 检查各元器件的性能、参数、质量能否满足设计要求。

② 检查各单元电路的功能和指标是否达到设计要求。

③ 检查各个接口电路是否起到应有的作用。

④ 把各单元电路组合起来，检查总体电路的功能、性能是否最佳。

（5）元器件的选择　选择元器件可从"需要什么"和"有什么"两个方面来考虑。

① 所谓"需要什么"是指根据具体问题的要求所选择的方案需要什么样的元器件，即每个元器件各应具有哪些功能和什么样的性能指标。

② 所谓"有什么"是指有哪些元器件，哪些在市场上能买得到，它们的性能如何、价格如何、体积多大等。众所周知，电子元器件的种类繁多，而且不断出现新产品，这就需要用户经常关心元器件的新信息和新动向，多查资料。大量了解各种元器件特性、规格、参数、价格。一般优先选用集成电路。

建议：在保证电路性能的前提下，尽量选用常见的、通用性好的、价格相对低廉、手头有的或容易买到的。

在元器件应用中，必须注意以下几个方面。

① 电源电压的范围，是单电源供电还是需要双电源供电？这点十分重要。如果将 +3.3V 电源的器件加 +5V，将 +5V 器件加 +9V，甚至更高，那器件必烧无疑。

② 元器件的主要指标，主要是速度和精度两方面。例如要求做一个 2MHz 带宽的放大器，如果选用 LM741，结果无论如何都达不到要求，因为 LM741 的单位增益带宽积只有 1MHz。

③ 元器件互相之间的电平匹配，元器件的输入阻抗，允许的输入电压、电流范围以及输出驱动负载的能力等。这一方面会涉及器件的安全，另一方面又可能影响到系统的某些指标能否达到。

3. 模拟电子电路的调试

电路的调试过程最好也分层次进行，先单元电路，再模块电路，最后系统联调。按照分配的指标、分解的模块，一部分一部分调试，然后将各模块连接起来总调。要充分利用电子仪器来观察波形，测量数据，发现问题，解决问题，以达到最终的目标。

　　① 通电前检查：连接是否错误。

　　② 通电检查：加入正常电压，观察电路情况有无异常。

　　③ 单元电路调试：利用信号源或其他实验仪器判断各单元电路的工作状态。

　　④ 整机联调：从最前端到末级进行统调，检查各级动态信号工作情况，分析是否满足设计要求。

三、电子设备设计与制作实例

（一）光控自动照明灯的设计与制作

　　光控照明灯，指受光线自动控制开关的照明灯，白天光线较强时，灯不亮，晚上光线暗到一定程度，灯自动开启。

　　1. 选择方案

　　按照功能要求，实现光控自动照明灯的电路设计方案有很多，对于初学者，下面给出两种比较简单的方案。

　　方案1：利用光敏元件检测光线强弱，将光信号变成电信号，通过三极管组成的信号变换电路，去驱动继电器，用继电器控制照明灯的开关。方框图如图23所示。

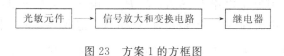

图23　方案1的方框图

　　方案2：利用光敏元件检测光线强弱，将光信号变成电信号，通过（触发电路）双向触发二极管，去控制可控硅的通断，用可控硅的通断控制照明灯的开关。方框图如图24所示。

图24　方案2的方框图

　　方案比较：方案1采用专门的电源供电，控制电路与照明电路分开，使用和维修比较安全；方案2直接在照明供电线路上取用电源，控制电路带电，使用和维修时不太安全。初学设计和制作时，建议选用方案1。

　　2. 单元电路设计

　　（1）电源电路设计。本光控照明灯所用继电器选用JRX-13F，供电电压为12V，工作电流为200mA，故根据所用继电器对电源电压的要求，采用12V直流电源供电，根据继电器的工作电流200mA，再考虑到放大电路的工作电流，电源输出电流取500mA。为此，可设计一个输出电压12V，输出电流500mA的直流稳压电源电路。也可以用现成的市售12V直流稳压电源，可采用电池供电。

　　（2）光敏元件检测电路的设计。光敏元件可以选择光敏电阻、光电二极管、光电三极管等，将光线强弱的变化变换成电压或者电流的变化。本电路设计将采用变化的电压送到后面的信号变换和控制电路，因此，利用光电三极管与电阻串联的方式构成电路，如图25所示。

　　光电三极管可采用3DU5、3DU12、3DU22等型号。采用3DU5时，暗电流为$20\mu A$，光电流为$0.5\sim 1mA$，为保证光电三极管不至于电流过大损坏，限流电阻R_1至少要大于24k，这样就可以VT_1的集电极得到$0\sim 12V$之间的任意电压值，去控制后面的电路。调试时，可在电路中接入电位器通过实验得出具体数值。

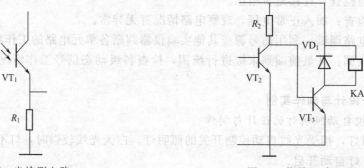

图 25 光检测电路   图 26 信号驱动电路

（3）信号放大和变换电路设计。根据功能要求，本电路主要将前级送来的信号进行处理，驱动后级继电器的通断，起的是开关作用，故本级电路采用二个三极管构成，工作在开关状态。电路如图 26 所示。

本级负载继电器线圈吸合时，线圈中电流亦即 VT_3 集电极电流能达到 200mA，取 VT_3 电流放大倍数为 100，则其基极电流为 2mA，故 R_2 可由下列关系求得：

VT_2 截止时，R_2 上电流即 VT_3 基极电流为 2mA，饱和导通时，同样也近似为 2mA，故 $R_2 = \dfrac{12-0.7}{2 \times 10^{-3}} = 5.6\text{k}\Omega$，功率 $P = (2 \times 10^{-3})^2 \times 5.6 \times 10^3 = 0.0224\text{W}$，取 0.125W，5.6kΩ 的电阻。

三极管的选用：由于电源电压为 12V，最大电流约 200mA，故 VT_3 可选用普通的 3DK4 或 3DG12 管，电流放大倍数为 100；VT_2 只要前级光电检测电路送来合适的电压信号，使其工作在开或关的状态，故选用 3DK2，或其他 DK 系列均可。

（4）执行元件电路的设计。本方案采用继电器作为执行器件，其电路连接如图 26 所示，继电器的线圈 KA 串联在 VT_3 的集电极，同时与 KA 并联一个二极管称为泄流二极管，其作用是在继电器断电时，使线圈中的自感电动势形成放电回路，并限幅于 0.7V，避免三极管 VT_3 受到过大的反向电压而击穿。

继电器选用直流 12V 的继电器，其触点电流根据负载选定，本电流使用 JRX-13F，泄流二极管选用耐压大于 50V 的 IN4000~4004 均可。本电路采用 IN4001。

3. 总体电路图

根据以上设计好的单元电路和方案 1 的总体方框图，本设计的总体电路如图 27 所示。

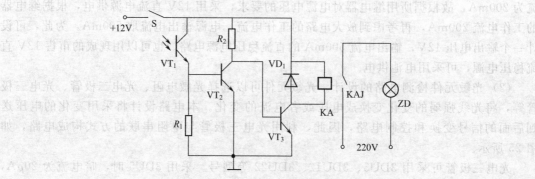

图 27 光控照明灯总体电路图

电路工作原理分析：图示电路中，VT_1 和 R_1 构成 VT_2 的偏置电路，当有光照射时，VT_1 的集-射级呈低阻，VT_2 基极分压为高电平而导通，其集电极即 VT_3 的基极为低电平，故 VT_3 截止，继电器不吸合，照明灯不亮；反之，当无光照射时，VT_1 的集-射级呈高阻，VT_2 基极分压为低电平而截止，其集电极即 VT_3 的基极为高电平，故 VT_3 饱和导通，继电器线圈 KA 通电，其常开触点 KAJ 吸合，照明灯接通电源发光。

4. 光控照明灯的制作

（1）根据总体电路原理图设计制作印制电路板　参考印制电路板如图 28 所示。

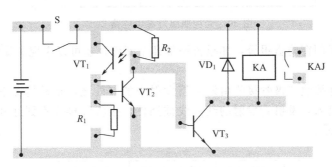

图 28　光控照明灯印制电路板

（2）进行元器件的检测和安装、焊接　将准备好的元器件检测正常后，按印制板的位置进行安装与焊接，仔细检查无误后，即可进行调试。

（3）调试　按下开关 S，用手挡住 VT_1 的受光处，应听到继电器吸合的声音，用万用表电阻挡测量 KAJ 的两个触点，电阻应为零；将手移开后，让 VT_1 受光照射时，又应该听到继电器断开的声音，用万用表测量 KAJ 的两个触点，电阻应为无穷大。

在 R_1 处串联一个 100k 的电位器，改变照射光的亮度，当达到需要开启、或者关断照明灯时，调节电位器的阻值，使继电器吸合，或者断开，测量出此时电位器的电阻值，此值加上 R_1 的阻值，即为最后确定的 R_1 的实际阻值。

最后，将照明灯的开关线接到 KAJ 两个端子，即可使用。

利用光敏元器件设计光控照明灯的方案可以有很多，而且电路简单，易制作成功，读者可以自行进行设计和制作，以下给出两种电路供参考，如图 29、图 30 所示。

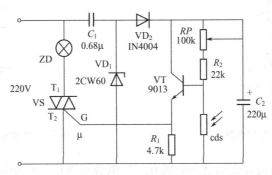

图 29　光控照明灯参考电路 1

作为练习，读者可以自行分析其工作原理，计算电路中的元件参数。

（二）防盗报警器的设计与制作

防盗报警器的电路有很多种，选用不同的传感器，可以实现不同的防盗功能。下面介绍一个简单的线外线防盗报警器的设计与制作。

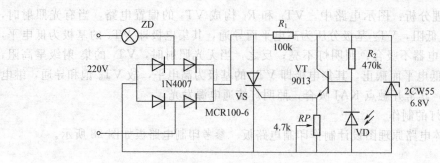

图 30　光控照明灯参考电路 2

本装置主要用于门窗防盗报警，如果再添加几个元件，还可以实现其他的功能。

1. 方案选择

本方案采用红外接收二极管接收由发射管发射来的红外光，正常情况下，电路不报警，一旦有小偷从门窗进入，发射管发射的红外线被挡住，接收管接收不到红外线，电路报警。其方框图如图 31 所示。

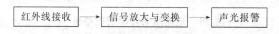

图 31　防盗报警器方框图

2. 单元电路设计

（1）红外发射与接收电路

① 发射电路：红外发光发射管额定工作电流 20mA，电流为 10mA 时，导通电压约为 1.5V，若采用 3V 电池供电，可串接 150Ω 左右、功率约 1W 的电阻接入电池，如图 32 所示。

② 接收电路：利用红外接收二极管在有无红外光照射时光电流的大小不同、阻值不同、电压不同的特点，将红外接收管与一个电阻串联，可在其上获得不同电压，送往后面的信号放大和变换电路进行处理。如图 33 所示。

图 32　红外光发射电路　　　　　图 33　红外光接收电路

为避免红外接收管电流过大而烧坏，使用 6V 电源供电时，应串接一个电阻接入电源，使其电流不超过 0.1mA 左右时，所接电阻约为 60kΩ。考虑送到后级电路有分流，此电阻可取标称值为 47kΩ，功率为 0.5W 的电阻。

发射管和接收管选用 SE303 和 PH302 对管。

（2）信号放大与变换电路设计　将红外接收管电路送来的电压信号加到放大电路中的三极管基极，经处理后去控制声、光报警器件。如图 34 所示。

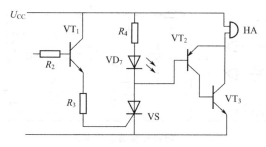

图 34　信号处理电路

当前级送来高电平时，VT$_1$ 饱和导通，发射极为高电平，触发可控硅导通，使 VD$_7$ 发光报警，同时，VT$_2$、VT$_3$ 导通，压电蜂鸣器发声报警。反之则不发声也不发光。

当声光报警后，即使前级送来的高电平消失（即红外光不再被遮挡），声光报警也不会停止，只有主人断开电源后，才能解除警报。

发光二极管的额定电压为 1.5V，此时电流很小；当电流为 20mA 时，电压为 1.6V；最大电流可达 100mA，此时所加电压约 1.8V；蜂鸣器的额定工作电压可取 3～6V，最大电流为 80mA，电压越高，声音越大。当 VS 被触发导通时，近 6V 的电源电压将加到发光二极管 VD$_6$ 上，因此应在发光二极管去路串联分压电阻 R_4，使当电流为 20mA 时，分压约 4.5V，故 R_4 可取值 2kΩ 左右，功率 0.125W。蜂鸣器由 VT$_3$、VT$_4$ 驱动。

VT$_1$ 和 VT$_3$ 选用 S8050 小功率管，U_{cem} 为 30V、I_{cm} 为 700mA、功率 625mW。

VT$_2$ 和 VT$_3$ 配对使用，选用 8550 小功率管，U_{cem} 为 1V，I_{cm} 为 700mA。

若红外接收管没有接收到红外光，电阻很大，其上电压假设为最大值 6V，此电压加到 VT$_1$ 基极时，必须串入电阻 R_2，设 VT$_1$ 的电流放大倍数为 100，则基极电流最大为 7mA，故 R_1 的值应约为 0.86kΩ，取标称值 1kΩ，功率 0.125W 的电阻。

（3）电源电路设计　本电路可用电池供电，也可采用三端稳压器的直流稳压电源供电，下面简单介绍稳压管稳压的直流稳压电源的设计。

采用变压器降压、电容滤波、稳压管稳压的直流稳压电源如图 35 所示。

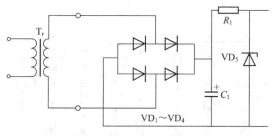

图 35　直流稳压电源电路

由前面分析可知，负载电大电流约 200mA，电压为 6V，故负载功率约 1.2W，考虑到电路其他部分的损耗及变压器的效率约为 0.6，可选用功率为 2W，电压为 6V 的电源变压器。整流管采用 1N4007 即可满足要求，滤波电容取 1000μF，稳压管采用 6V 稳压值的 2CW54，R_1 取 10Ω、0.125W 电阻。

具体参数的计算可参考前面所学内容。

3. 总体电路图

总体电路如图 36 所示，图中没有画出电源变压器，A、B 为变压器次级接线点。

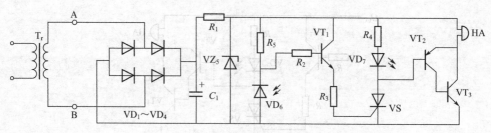

图 36　防盗报警器总体电路

　　若在 VS 两端并接入光敏二极管 VD_8，如图 37 所示，则可以构成天亮电子闹钟，在平时情况下，VT_1 不通，VS 不导通，夜晚无光时，VD_8 暗电流极小，相当于开路，声光器件不工作，当天亮时，有光照射 VD_8，阻值变小，光电流较大，声光电路工作。只是在使用这一功能时，需要与 VD_8 串联开关 S，在夜晚关灯后才合上 S。同时，还需要在光敏二极管与电源之间接入限流电阻 R，其值约为 $47kΩ$，计算同前。

　　还可以在 VT_1 集电极与地之间接入干簧管 J，如图 37 所示。在门窗被小偷打开时，磁铁与干簧管 J 分离，J 吸合，将 VD_7 下端变为低电平，声光电路工作，发出报警的声和光。

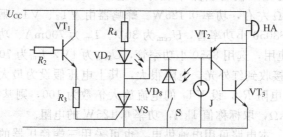

图 37　天亮电子闹钟和门窗防盗电路

4. 防盗报警器的制作

（1）印制板的制作　防盗报警器电路印制板如图 38 所示。

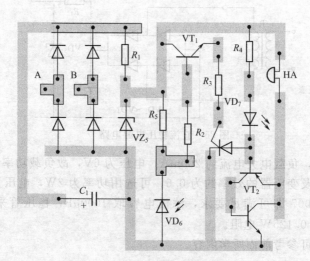

图 38　防盗报警器电路印制板

（2）元器件的安装、焊接　将准备好的元器件检测正常后，按印制板的位置进行安装与焊接，仔细检查无误后，即可进行调试。

（3）调试　在供电电压正常的情况下，挡住红外接收管的接收面不接收红外光，可在 R_5 处串联一个电位器，调节电位器的阻值，使声光电路工作，发出声光报警。

若同时加装有天亮闹钟功能和门窗控制报警功能，则在红外接收管不接收红外光的情况下，合上开关 S，有光照时，声光电路应该正常工作，发出声光报警；无光照时（挡住 VD_6 接收面），声光电路不报警。同样，在红外接收管不接收红外光、开关 S 断开时，将与干簧管放在一起的磁铁移开，声光报警电路应该报警。

（三）收音机的组装与调试

1. 组装前的准备

准备好所要组装的收音机电路原理图，对照原理图购买好所需的各种元器件，并制作好印制电路板。如果是购买的收音机套件，则根据元器件清单检查元器件的数量和种类，并进行元器件的检测。

（1）三极管的检查

① 分清高频管与小功率低频管。

② 测量各三极管 β 值，再以 β 值决定某级配用三极管。

③ 尽量地选 f_{CEO} 小的三极管。

④ 不要单从颜色标记作为三极管 β 值的依据，尽量用晶体管参数测试仪测量 β 和 f_{CEO}。

（2）电阻检查　电阻阻值有用数字表示的，有用颜色码表示的，但都要用万用表一一测量，阻值误差 10% 左右照常选用，不必强求原来的标称值。选用的功率应大于在电路中耗散功率 2 倍以上，以防止电阻过热、变值乃至烧毁。因受热而损伤的电阻不能再用，带开关的电位器也要按其在电路中的功能要求检测。

（3）电容检查　用万用表"Ω"挡测量电容的好坏，主要观察表针的偏转情况，确定有无短路和断路。由于常用的指针式万用表"Ω"挡最大为"×10kΩ"，故测量几百皮法小电容时，只能判断其是否短路。0.022μF 左右的小电容可观察到指针的变化，漏电电阻应为几十至几百兆欧。

对于大容量的电解电容，选择适当的"Ω"挡测量，其泄漏电阻是与电容量成正比的。

测量前，充过电的电容要进行放电。测量时，指针式万用表的"一"要接在电解电容的"＋"极，不要把人体电阻加进去。

电容器的耐压值应大于电源电压。本机振荡回路或谐振槽路的固定电容使用的是云母或瓷介电容，其电容值不能偏离过大。电解电容误差在 100% 也照常使用。如有必要，可以用数字万用表（多数带有测电容功能）测量。

（4）线圈的检测（用万用表的"Ω"测量）　对于输入、输出变压器的线圈、中周线圈只能用万用表判断其是否断路，线圈短路不能判断。喇叭音圈直流电阻略小于音频阻抗，使用电阻挡用表笔在喇叭接线端一搭一放，应该能听到发出"咯哒"的声音。

2. 元器件的安装与焊接

按照前面介绍的元器件安装与焊接的要求，在印制电路板上进行元器件的安装与焊接。安装前做好元器件引线成型，元器件安装时的顺序依次为：电阻器、电容器、二极管、三极管、集成电路、大功率管，其他元器件为先小后大。安装后对于电容器、二极管、三极管露在印制电路板面上多余端子均需齐根剪去。

焊接组装要按序进行，先装低放部分，检测、调试后装变频级电路，变频电路起振正常后再依次组装其他各级，组装中若发现变压器、中周等元件不易插入时切勿硬插，应把电路板上所涉及的孔处理后再装。

3. 调试

以 HX108 收音机为例，其电路理图如图 39 所示。

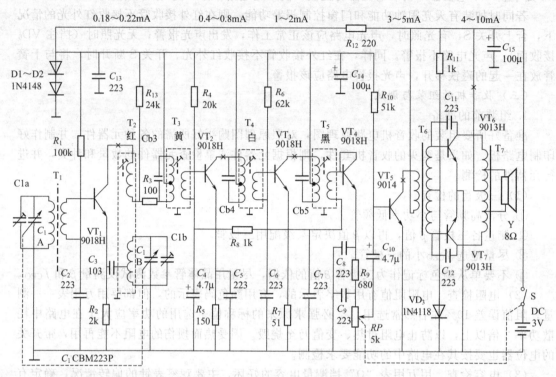

图 39   HX108 收音机电路原理图

（1）调试前的检查   检查三极管及其管脚是否装错，振荡变压器是否错装中频变压器，各中频变压器是否前后倒装，是否有漏装的元件。天线线圈初次级接入电路位置是否正确。电路中电解电容正负极性是否有误。印刷线路是否有断裂、搭线，各焊点是否确实焊牢，正面元件是否相互碰触。

（2）静态电流 I_c 测试   首先测量电源电流，检查、排除可能出现的严重短路故障，再进行各级静态测量。末级推挽管集电极电流可以在预先断开的检测点串入电流表测出，其他各级 I_c 可以测量各发射极电压算出。

末级 I_c 如果过大，应首先检查三极管管脚是否焊错，输入变压器次级是否开断，偏置电阻是否有误，有否虚焊。

其他各级工作点若偏大，着眼点应放在查寻故障上，尤其是不合理的数据。在元件密集处，应着重查找短路或断路。中周变压器绕组与外壳短路故障也偶有发生。难于判断时，可逐次断开各级，缩小故障范围。因偏置不当、β 较小、I_{CEO} 太大所引起的偏差，可视具体情况分析解决，使静态工作点与所设计的基本相符。

（3）低放级测试   末级集电极静态电流 I_c 要小于 6mA，从电位器滑动头（旋到近一半位置）逐渐输入一定量的正弦电压信号（频率 1kHz 左右）声响以响而洪亮为佳，可以在音频范围内连续变动旋钮，随着频率改变，若音调变化明显、悦耳动听，本级失真不大。

若达不到你所要求的功率，可考虑调整 VT_5 集电极电流，选一个最佳值，末级 OTL 电路的静态电流可作适当的调整，因为它的大小除了与交越失真有关外，对输出功率、失真度和效率等也有关。可以在不同静态集电极电流下测失真度、效率、输出功率，绘成曲线，根据实际需要选择合理的工作点。通常同时使用示波器观察波形。

（4）变频级调试　首先检查变频管是否起振，由于高频振荡电压在发射结上产生自给偏压作用，所以起振时，三极管 U_{CE} 将小于原来的静态值（如锗 PNP 管为 $0.1\sim0.3V$），U_{BE} 越小，振荡越强，用万用表可方便地判断是否起振。然而，振荡频率（$1\sim2MHz$）的调节范围及波形的好坏需用示波器测量，或频率计测出频率变化范围。调整 1MHz 频率时，应把可变电容器旋转到容量最大处，调节振荡线圈磁芯。

若振幅太小，可考虑 β 是否太小、工作点是否太低、负载是否太大，也要考虑因 R_{16} 的压降是否太大等故障，若发现寄生振荡，要检查 β 是否过大及安装、布线、去耦电路等存在的问题。诸如不起振、只有一端起振或间歇振荡等。

（5）中放级电路调试　此级关系到收音机的整机灵敏度、选择性以及自动增益控制特性。

欲要求该级达到理想的功能需确定最佳工作点电流 I_c。第二级中放的 I_c 选在增益饱和点；第一级中放的 I_c 选在功率增益变化比较急剧处，但要顾及功率增益不要过小。作出不同的 I_c 下的功率增益，描绘出曲线，以选择最佳工作点。在从中周初级输入大小适中的中频信号时，应调准中频变压器在 465kHz 的峰点。

（6）统调　调整中频时用高频信号发生器作信号源。收音机的频率指示放在最低端 535kHz 处，若收音机在该处受电台干扰。应调偏些或使本机振荡停振。从天线输入频率为 465kHz、调制度为 30% 的调幅信号，喇叭两端接音频毫伏表或示波器测量，或测量整机电流，观察动态电流大小变化（若变化微小不易觉察，可以将电流表串在第一中放集电极电路里。中频调到峰点时，集电极电流是增大还是减小？），或直接用耳朵听声音判断。

操作时应用无感小旋凿嵌入中频变压器的磁帽缓缓旋转（或进或出）寻找输出增加的方向，直至输出为最大的峰点上。

调中周的次序为由后向前，逐一调整，慢慢地向 465kHz 逼近，一般需要反复多次"由后向前"调整，才能使输出为最大的峰点位置不再改变。

注意事项如下。

① 细调中周时，需将整机安装齐备。

② 输入信号要尽量小，音量电位控制器输出不要太大（第一步先行粗调，往往需要信号输入、音量输出尽量大）。

③ 调整某一中频变压器，发现输出无明显变化，或磁帽过深或过浅，应考虑槽路电容过小或过大、磁芯长短不宜、中频变压器线圈短路等，还有考虑人为组装焊接等故障。

④ 无法调整到最佳点，也应首先查找电路故障或低端跟踪粗调一下，再进行中频调整。

⑤ 若各中频变压器调乱，可将 456kHz 或 465kHz 处左右的调幅信号分别按序注入第二中放基极、第一中放基极、变频管基极，慢慢调节各磁帽，向 465kHz 逼近；或用手捏磁性天线增强感应信号，先调中周一遍。

（7）统调外差跟踪　调跟踪时，中频调谐回路已调好在 465kHz，无须再动。

外差跟踪统调主要是调整本机振荡调谐回路和及输入回路。

双联可变电容器旋在最大或较大的容量位置时称为低端（整个频率范围中 800kHz 以下），双联可变电容器旋在容量最小或较小的位置时称为高端（1200kHz 以上），$800\sim1200kHz$ 称为中间端。

校准时，欲选的统调点对整机的灵敏度的均匀性有很大关系，统调点应选在600kHz（低端），1500kHz（高端）处以及1000kHz处。正常情况下，高低端频率刻度指示准确以后，中间也自然跟踪了（偏差不会太大）。

调整电感能明显地改变低端的振荡频率，但对高端也有较大的影响；当振荡槽路电容处在最小容量位置时（高端），改变槽路微调电容能显著地改变高端频率，但对低端也有些影响。

校准刻度盘时，低端应调整本机振荡线圈的磁芯，高端应调整本机振荡微调电容；调整补偿时，低端调输入回路线圈在磁棒上的位置，高端调输入槽路微调电容器。

因此，校准频率时，先"低端"后"高端"，然后再反过来校准，"低端→高端"反复调整几次。

具体操作步骤（用高频信号发生器进行统调）：装好刻度盘，收音机远离高频信号发生器，使收音机输入的高频信号尽量减小一些。

① 收音机频率刻度盘校准点选择在低端的600kHz指示接收位置，转动发生器频率调节旋钮，观察收音机的600kHz处接收的频率是多少，以决定磁芯的旋进旋出。例：收音机刻度指示在600kHz位置接收到的是580kHz以下的信号，应当减小振荡的电感量，即旋出磁芯，向600kHz逼近，直至两刻度频率指数在600kHz处，使收音机在该处接收处声最响。反之，旋进磁芯。

② 把收音机刻度盘指示指向1500kHz（高端），高频信号源频率指数旋向1500kHz，当信号源频率指数低于1500kHz时，应当适当减小振荡微调电容器的容量，调节信号源频率向1500kHz逼近，直至声音在该处的声音最响。反之，增大振荡微调电容器的容量。注意：此处用的往往是拉线电容，勿要拉线过头。

若发射与接收的信号频率指示相差过大，首先找到它们的对应点，一前一后，向校准点靠近。

低端→高端跟踪调整需要重复几次。

③ 频率刻度初步调整后，需要调整输入回路——补偿。调补偿时，步骤同频率刻度调整一样。刻度盘指针应指向低端（600kHz）附近和高端（1500kHz）附近。低端移动天线圈在磁棒上的位置，使声音最响；高端调节天线输入回路微调电容器，使声音最响，重复调整一次。

由于输入回路与振荡回路相互有些影响，补偿调整后，需再调下频率刻度。

最后，再次校核频率刻度和补偿，核对一下中间部分（1000kHz）的位置，需要细调的话，可再细调。

注意：在跟踪调试时，同样要求整机处于完备的安装状态。

还可以使用统调仪统调，利用广播电台统调。

4. 试听

调试后，即可进行试听，主要从以下几方面进行。

① 试听响度：调准电台，试听喇叭声响，对应一定的功率，在一定范围内声音响亮。

② 失真度试听：声音应柔和动听，音量小时或大时的发音都很圆润。失真度大的收音机听上去有闷、嘶哑、不自然感觉。

③ 试听灵敏度：对准电台方向，从最低端到最高端试收多少个电台。以电台多、噪声小为佳，收本省以外较远的或电波较弱的电台声音较响，说明灵敏度高，合格。

④ 试听选择性：调准一个电台，然后微微偏调频率±10%kHz左右，若声音减少许多，表明合乎要求。

　　如果噪声过大，确认元件、焊接都无问题时，应着重考虑变频级及中频级电路，变频管、中放管的 β 值是否过大？增益是否过高？振荡过强？如过高、过强，可以考虑在中频变压器的初级并联 120kΩ 的电阻，在振荡线圈次级并联一只二极管或几十千欧电阻。

　　通过以上工作，一台性能正常、合格的收音机就组装成功了。

附　录

附录1　模拟电子技术部分符号说明

i，u	含有直流成分的电流电压瞬时值通用符号
I，U	直流电流电压值；正弦电流电压有效值
$\dot{I}$，$\dot{U}$	正弦电流电压复数量的通用符号
I_m，U_m	正弦电流电压幅值的通用符号
I_{max}，U_{max}	电流电压最大值
I_{min}，U_{min}	电流电压最小值
u_i	输入电压瞬时值
U_i	正弦输入电压有效值
u_o	输出电压瞬时值
U_o	正弦输出电压有效值
i_o	输出电流瞬时值
I_o	正弦输出电流有效值
I_S	二极管的反向饱和电流
I_C	静态集电极电流
i_C	集电极电流交直流之和
i_c	集电极电流瞬时值
I_B	静态基极电流
i_B	基极电流交直流之和
i_b	基极电流交流分量瞬时值
I_E	静态发射极电流
i_e	发射极电流瞬时值
i_E	发射极电流交直流之和
U_{DRM}	整流电路中，二极管最大反向电压
U_D	整流电路中，二极管正向电压降
U_L	负载电压
I_L	负载电流
I_{CEO}	穿透电流（$I_B=0$ 时的集电极电流）
I_{CBO}	发射极开路，集电极－基极的反向截止电流
I_{DSS}	栅源短路时漏极电流
$U_{GS(off)}$	$I_D\approx0$ 时的栅源电压，称为夹断电压
$U_{GS(th)}$	增强型场效应管开始导通时的 U_{GS} 值，称为开启电压
A	增益或放大倍数的通用符号
A_u	电压放大倍数

A_{us} 　　　　考虑信号源内阻时的电压放大倍数
F 　　　　反馈系数的通用符号
$\dot{F}$ 　　　　反馈系数的复数形式
K_{CMRR} 　　共模抑制比

附录 2　模拟电子技术图形符号说明

图形符号	说　明	图形符号	说　明
	半导体二极管		发光二极管
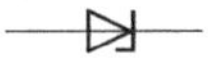	稳压二极管		光电二极管
	双向稳压管	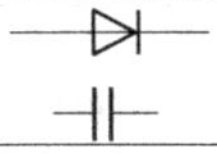	变容二极管
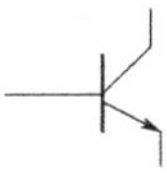	NPN 型三极管	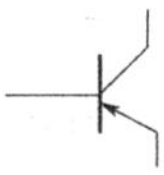	PNP 型三极管
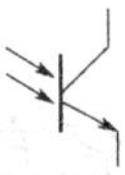	光敏三极管	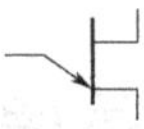	单结晶体管
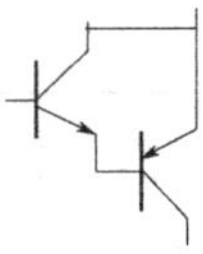	NPN 型复合管	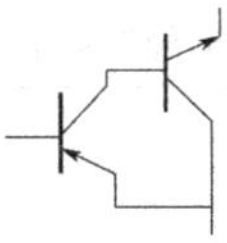	PNP 型复合管
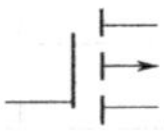	增强型 PMOS 管	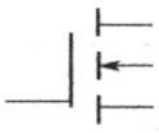	增强型 NMOS 管
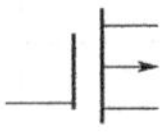	耗尽型 PMOS 管	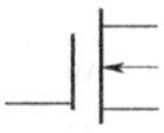	耗尽型 NMOS 管
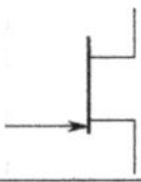	结型 N 沟道管	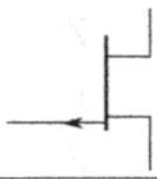	结型 P 沟道管
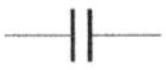	无极性电容	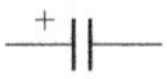	有极性电容
	可变电容		半可变电容
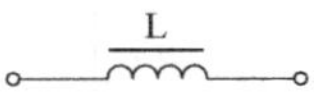	电感	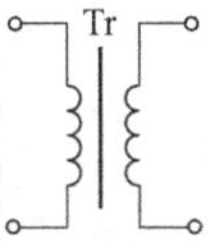	电源变压器

续表

图形符号	说　明	图形符号	说　明
色环电阻		滑动电位器
光敏电阻		热敏电阻
晶闸管		双向晶闸管
理想运算放大器		电压源
电流源		直流电源
石英晶振		话筒

附录3　国产半导体器件和半导体集成电路符号命名方法

附表 3-1　国产半导体器件型号命名方法（根据国家标准 GB 249—89）

第一部分		第二部分		第三部分		第四部分	第五部分
用数字表示半导体器件有效电极数目		用汉语拼音字母表示半导体器件的材料和极性		用汉语拼音字母表示半导体器件的类型		用数字表示序号	用汉语拼音字母表示规格号
符号	意义	符号	意义	符号	意义		
2	二极管	A	N 型锗材料	P	普通管		
		B	P 型锗材料	V	微波管		
3	三极管	C	N 型硅材料	W	稳压管		
		D	P 型硅材料	C	参量管		
		A	PNP 型锗材	Z	整流管		
		B	NPN 型锗材	L	整流堆		
		C	PNP 型硅材	S	隧道管		
		D	NPN 型硅材	N	阻尼管		
		E	化合物材料	U	光电器件		
				K	开关管		
				X	低频小功率管（截止频率＜3MHz,耗散功率＜1W）		
				G	高频小功率管（截止频率≥3MHz,耗散功率＜1W）		
				D	低频大功率管（截止频率＜3MHz,耗散功率≥1W）		
				A	高频大功率管（截止频率≥3MHz,耗散功率≥1W）		

续表

第一部分		第二部分		第三部分		第四部分	第五部分
用数字表示半导体器件有效电极数目		用汉语拼音字母表示半导体器件的材料和极性		用汉语拼音字母表示半导体器件的类型		用数字表示序号	用汉语拼音字母表示规格号
符号	意义	符号	意义	符号	意义		
				T	半导体晶闸管(可控整流器)		
				Y	体效应器件		
				N	雪崩管		
				J	阶跃恢复管		
				CS	场效应管		
				BT	半导体特殊器件		
				FH	复合管		
				PIN	PIN 型管		
				JG	激光器件		

例：硅 NPN 型高频小功率三极管 3DG6A。

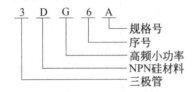

3　D　G　6　A
　　　　　　└─ 规格号
　　　　　└─ 序号
　　　　└─ 高频小功率
　　　└─ NPN硅材料
　　└─ 三极管

附表 3-2　半导体集成电路型号的命名方法（根据国家标准 GB 249—89）

第零部分		第一部分		第二部分	第三部分		第四部分	
用字母表示器件符合国家标准		用字母表示器件的类型		用阿拉伯数字表示器件的系列和品种代号	用字母表示器件的工作温度范围		用字母表示器件的封装	
符号	意义	符号	意义		符号	意义	符号	意义
C	中国制造	T	TTL	共分 4 类：1 为标准系列，同国际 54/74 序列；2 为高速系列，同国际 54/74H 序列；3 为肖特基系列，同国际 54/74S 序列；4 为低功耗肖特基系列，同国际 54/74LS 序列	C	0～70℃	W	陶瓷扁平
		H	HTL		G	−25～70℃	B	塑料扁平
		E	ECL		L	−25～85℃	F	全密封扁平
		C	CMOS		E	−40～85℃	D	陶瓷直插
		F	线性放大器		R	−55～85℃	P	塑料直插
		D	音响、视频电路		M	−55～125℃	J	黑陶瓷直插
		W	稳压器				K	金属菱形
		J	接口电路				T	金属圆形
		B	非线性电路					
		M	存储器					
		μ	微型机电路					
		AD	A/D 转换器					
		DA	D/A 转换器					

例：十进制计数器 CT4290CP。

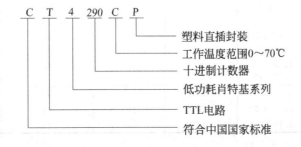

C　T　4　290　C　P
　　　　　　　　└─ 塑料直插封装
　　　　　　　└─ 工作温度范围0～70℃
　　　　　　└─ 十进制计数器
　　　　　└─ 低功耗肖特基系列
　　　　└─ TTL电路
　　　└─ 符合中国国家标准

附录4　常用半导体器件的参数

附录 4.1　半导体二极管

1. 检波与整流二极管

参数	最大整流电流	最大整流电流时的正向压降	最高反向工作电压	参数	最大整流电流	最大整流电流时的正向压降	最高反向工作电压
符号	I_{OM}	U_F	U_{RM}	符号	I_{OM}	U_F	U_{RM}
单位	mA	V	V	单位	mA	V	V
2AP1	16		20	2CP31	250		25
2AP2	16		30	2CP31A	250		50
2AP3	25		30	2CP31B	250	$\leqslant 1.5$	100
2AP4	16	$\leqslant 1.2$	50	2CP31C	250		150
2AP5	16		75	2CP31D	250		250
2AP6	12		100	2CZ11A			100
2AP7	12		100	2CZ11B			200
2CP10			25	2CZ11C			300
2CP11			50	2CZ11D			400
2CP12			100	2CZ11E	1000	$\leqslant 1$	500
2CP13			150	2CZ11F			600
2CP14			200	2CZ11G			700
2CP15	100	$\leqslant 1.5$	250	2CZ11H			800
2CP16			300	2CZ12A			50
2CP17			350	2CZ12B			100
2CP18			400	2CZ12C			200
2CP19			500	2CZ12D	3000	$\leqslant 0.8$	300
2CP20			600	2CZ12E			400
2CP21	300		100	2CZ12F			500
2CP21A	300		50	2CZ12G			600
2CP22	300		200				

2. 稳压二极管

参数		稳定电压	稳定电流	耗散功率	最大稳定电流	动态电阻
符号		U_Z	I_Z	P_Z	I_{ZM}	I_Z
单位		V	mA	m		
测试条件		工作电流等于稳定电流	工作电压等于稳定电压	$-60\sim+50℃$	$-60\sim+50℃$	工作电流等于稳定电流
型号	2CW11	$3.2\sim4.5$	10		55	$\leqslant 70$
	2CW12	$4\sim4.5$	10		45	$\leqslant 50$
	2CW13	$5\sim6.5$	10		38	$\leqslant 30$
	2CW14	$6\sim7.5$	10		33	$\leqslant 15$
	2CW15	$7\sim8.5$	5		29	$\leqslant 15$
	2CW16	$8\sim9.5$	5	250	26	$\leqslant 20$
	2CW17	$9\sim10.5$	5		23	$\leqslant 25$
	2CW18	$10\sim12$	5		20	$\leqslant 30$
	2CW19	$11.5\sim14$	5		18	$\leqslant 40$
	2CW20	$13.5\sim17$	5		15	$\leqslant 50$
	2DW7A	$5.8\sim6.6$	10		30	$\leqslant 25$
	2DW7B	$5.8\sim6.6$	10	200	30	$\leqslant 15$
	2DW7C	$6.1\sim6.5$	10		30	$\leqslant 10$

3. 开关二极管

参数	反向击穿电压	最高反向工作电压	反向压降	反恢复时间	零偏压电容	反向漏电流	最大正向电流	正向压降
单位	V	V	V	ns	pF	μA	mA	V
2AK1	30	10	≥10	≤200			≥100	
2AK2	40	20	≥20	≤200			≥150	
2AK3	50	30	≥30	≤150	≤1		≥200	
2AK4	55	35	≥35	≤150			≥200	
2AK5	60	40	≥40	≤150			≥200	
2AK6	75	50	≥50	≤150			≥200	
2CK1	≥40	30	30					
2CK2	≥80	60	60					
2CK3	≥120	90	90	≤150	≤30	≤1	100	≤1
2CK4	≥150	120	120					
2CK5	≥180	180	180					
2CK6	≥210	210	210					

（左侧首列自上而下为"型号"）

附录4.2 半导体三极管

参数		集电极最大电流	集电极最大耗散功率	集-射反向击穿电压	共射电流放大系数	集-基反向饱和电流
符号		I_{CM}	P_{CM}	$U_{(BR)CEO}$	β	I_{CBO}
单位		mA	mW	V		μA
PNP 锗低频小功率三极管（国产）	3AX51A	100	100	12	40～150	≤12
	3AX51B			12	40～150	
	3AX51C			18	30～100	
	3AX51D			24	25～70	
NPN 锗低频小功率三极管（国产）	3BX31A	125	125	≥10	30～200	≤20
	3BX31B			≥15	50～150	≤15
	3BX31C			≥20		≤10
NPN 硅高频小功率三极管（国产）	3DG100A	20	100	≥20	≥30	≤0.01
	3DG100B			≥30		
	3DG100C			≥20		
	3DG100D			≥30		
低频大功率三极管	3AD50A	3A	10W（加散热板）	≥18	20～140	≤0.3
	3AD50B			≥24		
	3AD50C			≥30		
常用半导体三极管	9011	300	300	≥30	54～198	≤0.1
	9012	500	625	≥20	64～202	≤0.1
	9013	500	625	≥30	64～202	≤0.1
	9014	100	450	≥45	60～1000	≤0.05

（左侧首列自上而下为"型号"）

小功率三极管电流放大系数分挡标记

$H_{FE}(\beta)$范围	30～40	40～50	50～65	65～85	85～115	115～150	≥150
管顶颜色	橙	黄	绿	蓝	紫	灰	白

部分习题参考答案

项目 1

1.1 填空题

①电子，空穴 ②N，电子，P，空穴 ③正向偏置，反向偏置，单向导电性

④0.5V，0.6V～0.8V；0.2 V，0.2 V～0.3V ⑤最大整流电流 I_{OM}，最大反向工作电压 U_{DRM}

1.2 选择题

①c ②a ③a ④c ⑤c

1.3 判断题

①× ②√ ③√ ④× ⑤×

1.4 5.3V，6V，0.7V

2.1 填空题

①单向脉动的直流 ②$0.45U_2$；$0.45U_2/R_L$ ③$0.9U_2$；$0.45U_2/R_L$ ④$\sqrt{2}U_2$；=

⑤$\sqrt{2}U_2$；$=\dfrac{1}{2}$

2.2 选择题

①b ②c ③c ④c ⑤d

2.3 判断题

①√ ②√ ③× ④× ⑤√

2.4 略。

2.5 略。

2.6 ①13.75mA ②19.44mA ③244.4V；2.7 略

3.1 填空题

①把脉动电压中的交流成分滤除；获得较平滑的直流输出 ②电容；电感；电阻 ③交流；电容；电感 ④额定容量；额定耐压；标称电容值；温度范围 ⑤增大；$U_o=1.2U_2$ ⑥高；低；标称耐压值 ⑦$=0.9U_2$；$1.2U_2$ ⑧延长；平滑；高

3.2 选择题

①b ②c ③b ④d ⑤c

3.3 判断题

①× ②× ③√ ④× ⑤×

3.4 略。

3.5 ①20 ②2CZ53C ③200μF/50V

4.1 填空题

①将交流电压转换成稳定的直流电压 ②并联；限流；分压 ③取样电路；基准电路；比较电路；调整电路 ④电网电压；负载电流 ⑤并联型；串联型；线性型；开关型 ⑥电路结构简单 ⑦电流；电压或电流；电压 ⑧开关；功耗小，效率高

4.2 选择题

①d　②c　③a　④a　⑤a

4.3　判断题

①√　②×　③×　④×　⑤√

4.4　①3.3V；5V；6V；②稳压管损坏；超过稳压管的最大稳压电流

项目2

1.1　填空题

①NPN，PNP，两　②基区，发射区，集电区，基极 B，发射极 E，集电极 C　③共基，共射，共集　④饱和区，放大区　⑤结型，绝缘栅型，P 沟道，N 沟道，增强型，耗尽型

1.2　选择题

①a　②b　③b　④c　⑤b

1.3　判断题

①×　②×　③√　④√　⑤√

1.4　放大、放大、饱和、截止

1.5　$I_C = 2mA$，$U_{CE} = 6V$；$I_C = 3.7mA$，$U_{CE} = 0.9V$

1.6　P 沟道耗尽型，N 沟道增强型，N 沟道结型

2.1　填空题

①100　②小，大，小，强　③同，1，大，小　④直接耦合，阻容耦合，变压器耦合　⑤PNP，NPN，效率高　⑥1000，60　⑦非线性，饱和，截止

2.2　选择题

①d　②a　③b　④c　⑤a

2.3　判断题

①×　②×　③×　④×　⑤√

2.4　① $I_{CQ} \approx 1mA$，$U_{CEQ} = 5.3V$　② $r_{be} = 2.8k\Omega$　③ $A_u = -87$，$R_i = 2.05k\Omega$，$R_0 = 4.7k\Omega$

2.5　$P_0 = 0.08W$

2.6　① $I_{CQ} = 1.7mA$，$U_{CEQ} = 5.9V$　② $A_u \approx 1$，$R_i = 114k\Omega$　③ $u_o \approx 2V$，$R_0 = 26.5k\Omega$

项目3

1.1　填空题

①放大倍数，变差；放大倍数，放大倍数　②减小　③增大，拓宽　④放大电路、正反馈网络、选频网络和稳压电路　⑤LC 正弦波振荡器、RC 桥式振荡器、石英晶体振荡器

1.2　选择题

①b　②c　③ (a)，(b)　④ (c)，(d)　⑤ (a)，(b)　⑥ (c)　⑦ (b)　⑧ (a)　⑨ (c)　⑩ (c)

1.3　判断题

①×　②√　③√　④√　⑤√

2.1　填空题

①直接　②∞；∞；0　③虚断，虚短　④ 线性、非线性。同相输入、反相输入。⑤反相输入过零电压比较器、同相输入过零电压比较器　⑥外电路的参数

2.2　选择题

①d　②b　③ (a)，(a)　④ (c)　⑤ (b)　⑥ (b)　⑦ (d)　⑧ (c)

2.3　判断题

①✓ ②✓ ③× ④✓ ⑤✓

2.4 4.8V；18.5Ω

2.5 略

2.6 600mV

2.7 −8V，6V

2.8 两项相加的功能

3.1 $T=2RC\ln\left(1+\dfrac{2R_1}{R_2}\right)$

3.2 $T=T_1+T_2=(2R+Rp)C\cdot\ln\left(1+\dfrac{2R_1}{R_2}\right)$ $d=\dfrac{T_1}{T}=\dfrac{R+R_{P1}}{2R+R_P}$

参 考 文 献

[1] 汤光华主编. 电子技术. 北京：化学工业出版社，2005.
[2] 汤光华主编. 电子技术应用. 湖南化工职业技术学院校本教材，2010.
[3] 王英主编. 模拟电子技术基础. 成都：西南交通大学出版社，2000.
[4] 陈守林主编. 电子技术实训与制作. 北京：科学出版社，2005.
[5] 彭军主编. 实用电子技术. 北京：科学出版社，2006.
[6] 周良权主编. 模拟电子技术基础. 北京：高等教育出版社，2005.
[7] 薛文主编. 电子技术基础. 北京：高等教育出版社，2001.
[8] 宁慧英主编. 模拟电子技术. 北京：化学工业出版社，2010.
[9] 吕国泰，白明友主编. 电子技术. 北京：高等教育出版社，2008.
[10] 林平勇，高嵩主编. 电工电子技术. 北京：高等教育出版社，2000.
[11] 童诗白主编. 模拟电子技术基础. 第4版. 北京. 高等教育出版社，2007.
[12] 胡宴如主编. 模拟电子技术. 北京. 高等教育出版社，2008.
[13] 李雅轩主编. 模拟电子技术. 西安. 西安电子科技大学出版社，2006.
[14] 孔凡才主编. 电子技术综合应用创新实训教程. 北京. 高等教育出版社，2008.